PEARSON

人生法则系列译丛

Richard Templar

THE RULES OF LIFE

(second edition)

生活的106条

黄金法则

（第2版）

（英）理查德·坦普勒 著　　马跃 译

东北财经大学出版社
Dongbei University of Finance & Economics Press

大连

辽宁省版权局著作权合同登记号:图字 06-2013-171 号

图书在版编目(CIP)数据

生活的 106 条黄金法则 / (英)坦普勒(Templar, R.)著;
马跃译. 一大连 : 东北财经大学出版社,2014.6
(人生法则系列译丛)
ISBN 978-7-5654-1549-4

Ⅰ.生… Ⅱ.①坦… ②马… Ⅲ.人生哲学-通俗读物 Ⅳ.B821-49

中国版本图书馆 CIP 数据核字(2014)第 113261 号

东北财经大学出版社出版发行
　大连市黑石礁尖山街 217 号　邮政编码　116025
　教学支持:(0411)84710309
　营 销 部:(0411)84710711
　总 编 室:(0411)84710523
　网　　址:http://www.dufep.cn
　读者信箱:dufep @ dufe.edu.cn
大连图腾彩色印刷有限公司印刷

幅面尺寸:140mm×210mm　字数:158 千字　印张:10 5/8
2014 年 6 月第 1 版　2014 年 6 月第 1 次印刷
责任编辑:李 季　王芃南　　　责任校对:王 娟　刘 洋
封面设计:冀贵收　　　　　　　版式设计:钟福建
定价:35.00 元

目 录

导言

　　因为一些说不清也道不尽的原因，小时候，我与祖父母共同生活了几年。和他们那一代大多数人一样，我的祖父母勤劳、知足并且很快乐，但不幸的是祖父因工伤（被一货车滑落的砖砸在脚上）提前退休了，我祖母在伦敦一家很大的百货商店工作。我的出现出乎他们的意料，要照顾我让他们有些措手不及。当时我还太小——不到上学的年龄，大家对我祖父在家照看我也不放心（男人在那个年代是不照看小孩的……唉，世事的变化真大啊！）。我的祖母就干脆把我护在她的怀抱中背着她的经理和督察偷偷地把我带到百货公司，一边工作一边照看我。

　　与祖母一起去上班是很有趣的事。她告诉我要长时间保持安静，并且不要到处乱跑，而我也很乖巧，然而我却发现有一件事能让我过得很开心，那就是在祖母给我安排的"避难所"——大桌子底下观察顾客的一举一动。从此让我养成了喜欢观察别人的习惯。

后来我母亲接我回去，她认为观察并不会对我有什么帮助。然而我却不这么认为。在我职业生涯的早期中，通过对周围人的观察，我发现人们可以通过展示自己与众不同的行为让自己得以提升。举个例子来说，如果有两个能力相同的人，其中一个穿着得体、思维缜密、举止优雅，就好像刚被提升一样，那么他可能就将是下个要被晋升的人。把这些观察到的行为应用到工作中就像是给了我个梯子，让我很快获得晋升。其实这些行为"法则"就是我前段时间所出版的畅销书《职场的 108 条黄金法则》的基础。

正如你能识别出那些能使事业成功的行为一样，你也能发现让生活快乐的行为。综观我们的生活，人们大致可以分为两种：一种是掌握成功生活技巧的人，另一种是仍在努力挣扎奋斗的人。当然我所说的成功，并不是说积累了许多的财富或在事业上登峰造极。我所说的成功是传统意义上的，连我勤劳朴实的祖父母都会理解这一点。成功是容易满足，每天健康快乐，并能从眼下看到美好生活的前景。一般来讲，那些仍在挣扎的人往往不快乐，因为欣赏和享受不是他们生活的一部分。

　　那么快乐生活的秘诀是什么呢？答案不外乎是一种简单的选择。每一天我们都在选择做一些事情，而这些事情，有些会使我们快乐，有些则不会。通过观察人的言行举止，我发现如果我们遵循一些基本的生活法则，我们就易于完成更多的事情，更容易排出让人感到不安的情绪，更易于创造美好人生，也能为身边的人带来更多的快乐。法则遵守者总会给自己带来更多的好运，总能驱散生活中的不幸，而且会更加热爱生活，让生活更充实。

　　接下来，我应该介绍生活法则了。这些法则并不是一成不变的，也不是什么秘密或深奥的大道理，它们完全基于我对那些快乐和成功人士的观察所得。我发现那些快乐的人总会遵循我们将要提到的大多数法则，而那些看起来生活在悲惨中的人却没有遵循这些法则。成功人士通常甚至不会意识到他们在遵循这些法则——他们是天生的法则遵守者。而那些本能上没自觉遵守法则的人往往会感觉生活中缺少了什么，并会耗费他们毕生的时间和精力去寻找怎么才能让生活更有意义、更充实——通常还要在他们自己身上寻找。他们不了解的是，其实答案很简单——只要改变自己，一切将水到渠成。

改变行为容易吗？当然不容易。在生活中遵循那些法则绝不是一件容易的事。如果很容易的话，我们早就会有所意识了。要使生活很有意义是很困难的，但这正是法则的魅力所在，每一条法则本身都很简单明了，易于做到。你可以一次性实践所有法则，或者从实施一两个法则开始。我呢？其实和所有人一样，我对这些法则也无法一一遵循。我总会犯错，但我却知道怎么做才能让生活重新步上轨道，重新展现生活的意义。

通过对人的观察，我了解到所有的生活法则都是很容易理解的。我个人喜欢"及时行动"之类的建议，但这种建议通常让我一头雾水，我不确定我是否应该那样做。然而，我觉得像"出门前把鞋子擦净"这样的建议是很有意义的，因为这样的建议我很容易做好，更重要的是我能很快地从中体会到这样做的好处。顺便说一下，我仍然深信干净的鞋子总比那些脏兮兮的鞋子更能给人留下更好的印象。

当然，这只是打个比方，你不会在这本书里看到出门擦鞋这样的建议，也不会发现有关激励人心或很新潮的东西。我并不是说这些内容没有意义，只是觉得我们最好做些现实性的事情，而不要总去高喊那些听起来动听的口号——时间是最好的医生，爱情可以战胜一切，因为当你想做成事的时候，那些口号并不能起很大的作用。

在本书，你将会发现很多经典的、传统的常识，所有的内容你都熟悉。这本书并不是一本什么启示录，只是提醒人们生活法则是普遍的、通俗易懂的、容易应用的。只要加以实践，它们的确很管用。

但是对于那些没有遵守这些法则的人，看起来也是功成名就的呢？我肯定你们都知道很多富有但却冷酷无情、不快乐、霸道、道德败坏的人。如果你成为他们那样，你也可以做到。但是我认为你肯定想睡得安稳、有自己的生活、成为一个好人。这些完全取决于个人的选择。我们每一天都在选择，不论我们是站在天使的一边还是魔鬼的一边。生活法则会帮助你和天使站在一起，但它不是强迫性的。就我个人来说，晚上睡觉之前总喜欢快速地反思一下当天的生活，然后，希望我会对自己说"做得很好"，希望我能对自己这一天所取得的成就感到骄傲，而不会对生活感到懊悔和不满。我喜欢带着愉快的心情去休息，在愉快的心情中我感觉到自己做了有意义的事情——待人更亲切，为他人带来更多快乐。

生活法则不是讲如何赚更多的钱和如何获取巨大的成功（关于这点，你可以读我的《职场的 108 条黄金法则》那本书）。但这本书会运用简单而明了的方式，教你如何感受内心，怎样去影响我们身边的人，如何扮演好朋友、爱人、父母的角色，以及你跟这个世界的关系。

有时候，我会把我的书当成小孩子。轻轻拍他们的头，拧拧他们的鼻子，然后让他们到外面的世界去闯荡。我很关心他们，也静待他们的消息。所以，如果这本书确实让您的生活有了改变，或者您想与我分享那些在本书中遗漏的法则，我都期待收到你们的消息。您可以通过电子邮箱联系我：Richard. Templar@ RichardTemplar. co. uk.

理查德·坦普勒

我把生活法则分为四个部分——个人、伴侣、家庭和朋友、你的社交圈和你生活的世界（包括工作）——来代表生活中我们不怎么重视的四个领域。

现在就让我们步入正题吧，让我们来谈谈我们的生活法则——它适用于个人，也适用于大家。这些法则使我们早上一醒来就能够用积极的角度面对这个世界，并指引我们无论出现什么情况都能安全顺利地去过每一天。这些法则会有助于我们减轻压力，给我们提供正确的世界观，激励我们制定有效的生活标准和奋斗目标。

我想对于我们每一个人，这些法则都必须和我们个人的成长背景、年龄和实际情况结合起来加以考虑。生活中我们都需要有自己的标准。虽然每个人的标准都是不一样的，但制定个人标准

第一部分
个人法则

是十分重要的。没有这些标准我们就像风中的树叶漂浮不定，没有这些标准我们就不能衡量我们所做的事情。这些标准就像我们坚实的后盾，随时可以让我们返回再充电。标准是我们个人进步的标杆。

但是法则并不全是关于标准的；法则同样讲述着如何振作精神并快乐地去享受生活。

法则 1 保持低调

你即将成为法则实践者了。可能的话，如果你身体力行这些准则，你将成为改变你生活的探索者。你也会很快发现更积极、更快乐、带着成就感去做所有事情的方法。但你没有必要让别人知道这些准则，你只需要保持沉默。没有人喜欢听人说教。这就是第一条法则：保持低调。

你希望和别人分享你的近况或你在做些什么，这是人之常情。然而你不需要也不必那样去做，让他们自己去发现吧。你可能认为这样做不公平，但其实不然，这样做实际上比你所认为的做法要好得多。如果告诉别人你正在做什么，他们有可能会疏远你。最好的做法就是保持低调——我们都讨厌爱说教的人。这有点像：你戒烟成功了，突然发现不吸烟的生活更健康，然后就会劝你的老烟友们都去戒烟。但问题是，他们还没打算戒烟，而且他们会认为你是自命清高、道貌岸然或过气的瘾君子，我想没有人喜欢落得如此下场。

不要说教、宣传或说服别人改变，最好连提都不要提。

所以，第一条法则简单地讲就是保持低调。不要爬到屋顶上大声宣传准则，不要说教、宣传或说服别人改变，最好连提都不要提。

当你的生活态度有所改变之后，浑身会散发出光芒，人们会问你到底是什么让你这么开心。对于这些问题，你可以轻描淡写：并没有什么，只是灿烂的阳光让我更加舒服、开心、活泼、快乐等等。细节就不必多说，因为人们并不想知道那些。实际上，他们根本不想深入了解。这有点像当有人问你过得怎样时，他们真正想听到的回答只是一句话："我很好"。即使你满肚子苦水，日子过得再不顺遂，那样的回答也是他们唯一想听到的，因为对他们而言，其他的任何回答都会给他们带来额外的责任。他们想听到的回答仅仅是："我很好"，这样可以让对方不需要介入你的生活。如果你不说"我很好",而是执意要和别人分享你的重担,那么他们很快会躲你躲得远远的。

作为一个遵守法则者亦是如此。因为不会有人真的想了解什么,所以最好保持低调。我为什么这样说?因为我曾经在《职场就是竞技场:职场高手的黄金法则》一书中,给予想用正当方式在职场上取得成功的人相同的建议,并发现那的确很管用。把精力放在你要做的事情上吧,保持低调,让自己的生活因为改变而更快乐,但要记住,不要自鸣得意,到处宣扬。

法则 2　智慧和年龄无关

　　有种说法是年龄愈大愈有智慧，我并不认同这种说法。这条法则要说的是，我们并没有比过去聪明，依然会犯错，差别在于犯的错误不同。虽然吸取经验教训后，我们可能不会再犯同一个错误，但也会犯新的错误。新的问题总会出现，当我们处理不当时，就会犯新的错误。解决这个问题的诀窍就是接受这个事实，不要因为犯错而责怪自己。这条法则就是让你在把事情搞砸时，对自己仁慈一点，原谅自己的过错，成长过程并不必然使我们变得更加聪明。

　　当我们回想过去，我们常常能意识到已犯的错误，但很难预见未发生的错误。真正的智慧不在于不犯错误，而是可以避免重蹈覆辙，保持尊严与明智。

　　当我们年轻的时候，总是觉得衰老似乎只是中老年人的事情，但是衰老是每个人必经的过程，我们无法选择只有去面对。无论我们身份贵贱、地位高低，我们都没法改变将会变老的事实。而且当我们年龄越大的时候，衰老的速度就会越快。

你可以这样认为——年龄越大，你就会累积更多的犯错经验。当然，在不熟悉的领域难免还是会犯错误，我们总是会做错事、过度反应或会错意。我们更灵活变通，更大胆，就能拥有更多的人生经历和探索更多的领域，这必然会让我们犯更多的错误。

有智慧并不代表我们不会再犯错误，而是可以避免重蹈覆辙，保持尊严与明智。

只要我们反思过去哪儿做错了，对过往的错误进行检讨，而且决心不让那样的错误再发生，就没有必要再担心了。记住任何法则不仅适合你也同样适合别人。别人也在变老，而且不会变得特别聪明。一旦你接受了这个事实，就更能以仁慈、宽容的心对待自己及别人。

最后，随着时间的流逝，你处理事情的方式会越来越成熟。毕竟，做错的次数越多，你再犯错的机会就会越少。最好在年轻时就多去经历错误和失败，这样在以后的日子里做事就会顺利些。这其实就是年轻的好处，年轻是去碰壁的最好时机，可以在经历失败中迅速崛起。

法则 3　接受现实

　　每个人都有可能犯错，有时还会很严重。但往往这些错误并不是故意的或针对某人的。人有时不经意地就做错了什么。这表示，如果有人曾冒犯你，但他们并非有意，而是他们那时过于幼稚和愚蠢。也许他们在养育你时犯错，或结束一段与你的关系，也可能是作出令你愤怒伤心的事情，但无论如何都不是因为他们故意要那样做的，而是因为他们并不知道那样做的后果。

　　如果你愿意的话，你完全可以选择放弃憎恨、懊悔和愤怒。正因为在你身上发生了这些不愉快，你才应把自己看得不同寻常。既然不愉快已经发生过了，你还需要继续往前进。不要总是把事情分为好事和坏事，但如果总让那些事情消极地影响我们那才是真正的"糟糕"。你可能会被这些事情弄得很沮丧，内心也很痛苦，以至于让自己生病或悲痛欲绝。试着放下，养成良好的个性，用积极的态度取代负面情绪。

本书一开始，我提到过我有一个非常不幸的童年，曾有一段时间我很苦恼。我总是抱怨我离奇而又痛苦的成长经历，因为那时所发生的一切都是令人疲惫和沮丧的。我当时太想抱怨了，但是一旦认识到木已成舟，我便会选择去宽容，并从容地继续生活，渐渐的所有事情都随之好转。不幸的是，我兄弟的选择和我恰好相反，他们一直活在过去，直到被怨恨击垮。

当木已成舟时，你还需要继续前进。

如果想要有成就，就要把所有糟糕的事情视为生命中不可或缺的一部分，之后再继续生活。实际上这些经历都是今后的财富。经历之后，消极的事将就会在一定程度上转变为积极的了，而没有这些经历，我很难想象我现在的生活会怎样。如果我以前没有那样选择，现在，我可能什么事都做不了。回首过去，我的童年的确有点心酸，但却成就了现在的我和真正的我。

　　即使能把所有对不起我的人召集在我面前，他们也无法改变过去。我认为能意识到这一点，生活才会有进一步的突破。虽然我可以大声地痛斥、指责那些曾伤害过我的人，但这对已发生的事情根本没有帮助，更不会使事情变得更好，他们也必须让发生的事过去。把"逝者已矣，来者可追"当做座右铭，并且继续迈步向前。

法则 4　接受自己

如果你接受了木已成舟的现实，那么你就能接受真实的自己。你无法改变既有的事实，所以要接受你所得到的，并继续向前迈进。我并不主张讲"关心自己"之类的话——这些都太激进和空洞了。还是从简单的接受开始吧。接受是简单的，因为就像其字面所传达的意义一样——承受并采纳。不必硬要改善或改变任何事情以臻完美，相反的，我们要学会接受。

不必硬要改善或改变任何事情以臻完美，相反的，我们要学会接受。

　　这就意味着要去接受所有的缺点、情绪起伏、鸡毛蒜皮的不愉快、脆弱等等。这不代表我们对自己非常满意，或者很懒，以至于生活得一团糟。我们首先要接受我们自己，然后去完善自我。不要因为不喜欢某些部分就否定自己，我们需要改变的可能有很多，但不必操之过急，我们才学到法则 4 而已。

　　这条法则是毋庸置疑的，因为别无选择。我们必须接受我们自己的一切——已经发生的事情及其一切后果，仅此而已。你、我和大家一样，我们都是人，都是复杂的高级动物。人身上充满了欲望、痛苦、罪恶、卑鄙、错误、暴躁、粗鲁、犹豫和反复无常。人固有的复杂性使人类变得如此奇妙。没有完美的人，我们都是从接受自我开始的，然后无外乎作出一种选择：每一天都努力去创造更美好的生活。尽量保持清醒，坚持做正确的事情。尽管有时我们做不到，达不到那样的标准，也没有关系。不要过于苛责自己，站起来重新出发。接纳自己并非圣贤，所以难免会失败和犯错。

　　我知道这并不容易，但一旦选择接受这个挑战，成为一名法则实践者，你就已经走在改善的路上了。不要再挑自己的毛病或跟自己过不去。相反，要接受真实的自己，给自己一些鼓励并坚定地迈步向前。

法则 5　要知道什么是有意义的

活在当下、待人有礼、体贴、不冒犯或伤害别人都非常有意义，但拥有最新的科技并不一定是有意义的。

我并不是对科技存有偏见，实际上，我也拥有许多高科技产品。我只是：①不会过度地依赖它们；②只把它们当成有用的工具，因为它们本身并没有深远的价值，既不能象征身份也不能显示地位。

做对生命有用的事情是有意义的，但因为无聊跑去购物则是没有任何意义的。当然，无论怎样购物，有些有意义而有些就没有，要看是否是真的购物，是否有价值，是否能让你受益。不过我们不应该为了追求生活的意义而变得过于极端，例如，放弃一切，冒着得疟疾的风险去帮助生活在满是蚊虫的沼泽中的人们。

这条准则的目的是希望你把焦点放在生活中有意义的事情上，去积极地改变，从而让自己对所做的事情感到快乐（参见法则6）。这并不是说要制订一个长期的包含所有细节的计划，而是要从总体上了解你要去做什么以及要怎么去做。你要始终保持清醒的头脑，而不是浑浑噩噩。我的一个作家朋友——蒂姆·弗莱克，他有一本书，名为"清醒的活着"，这个书名是这条法则的最佳诠释。

在生活中，有些事特别重要，大多数事都没那么重要，要区分两者之间的差异并不难。许多没有意义和不重要的事就摆在我们面前，它们很容易分辨。我并不是说我们生活中不能有琐事——我们可以有，那完全没有问题，只是不要把这些琐事和重要的事情混为一谈。把时间留给自己的爱人和朋友相处很重要，收看最新的肥皂剧就不那么重要；偿还负债很重要，花时间和精力去选洗衣粉的品牌则没那么重要；教育子女，培养他们的价值观很重要，给他们选择流行式样的服装则不重要。你应该懂我的意思，想一下你的生活中哪些事情是有意义的，然后把这些事做好。

在生活中，有些事特别重要，大多数事都没那么重要。

法则 6　为有意义的事而努力

　　知道了生活中什么有意义什么没有意义后，你还必须知道你在为什么而奋斗。当然，这没有什么绝对的答案，因为这完全是你的个人选择——但是心中要有一个答案，而非什么都不知道。

　　举例而言，我的生活曾经受到这两件事的影响：①一些人曾经告诉我如果灵魂或精神是生活中唯一拥有的东西，那么它们就应该是我所拥有的最好的；②我有趣的成长经验。

　　前者对我而言，没有什么宗教色彩，它仅仅是在激励鼓舞我。无论灵魂在召唤我做什么，我都应该用心去做，争取做到最好。但这总会使我思考，到底该怎么做才能做得更好呢？我至今也没有找到答案。我也曾经探索和试验过、学习和失败过、寻求和追随过、观察和跌倒过，但到底应该怎样改善自己的生活呢？我想唯一的答案就是尽可能过体面的生活，尽可能防止做破坏性的事情，尊重你身边的任何人。这就是我生活中所追求的意义，对我而言十分重要。

　　然而我的成长背景为何能够成为生活的动力来源呢？在经历过"不幸的"童年后，我总是把这种经历当成继续生活的动力而不是阴影。我们都有不幸的经历，关键是我们应该知道如何摆脱，这其实就是我所奋斗的目标。是的，这听起来可能很疯狂，你可能认为我真的疯了，但至少我有可以值得努力的方向，这些事对我而言是有意义的。

　　这些没什么大不了，我的意思是，我不会将这些事刻在额头上到处宣扬——"坦普勒生活的意义是……"。我所提到的要去专注的事情是藏在我内心的，而且我能为之集中精力的事情。这也是我个人的评价标准，我可以知道：①我做得如何；②我在做什么；③我将何去何从。你没必要去大肆宣传，也不需要和任何人讲（参见法则 1）。你甚至不需要考虑太多细节，一个简单的宣言就足够了，比如迪斯尼的使命就是"让人们快乐"。决定你的奋斗目标，会让生活变得容易很多。

这也是我个人的评价标准，我可以知道：①我做得如何；②我在做什么；③我将何去何从。

法则 7　灵活思考

一旦思维变得僵化，不知变通，你就已经输了这场战争。一旦你认为自己知道了所有的答案，就等于高挂起战靴。一旦你墨守成规，你就过时了。

要从生活中获益，你必须敞开心胸，保持思考和生活的弹性。暴风雨来临之前就必须积极做好防御——它总是在我们不经意时出现。如果没有机动性的准备，你就可能遭受暴风雨的袭击。也许你要仔细地反思后才能理解我所说的意思。灵活的思考就像内心在练武术一样——心灵和大脑在不断地闪转腾挪。试着不要把生活视为敌人，而是一个友善的拳击练习对手。如果你能做到灵活思考，你在生活中会获得很多乐趣，如果你固执己见，则会被击倒。

**试着不要把生活视为敌人，而是一个友善的拳击练
习对手。**

我们会在生活之中打造固有的模式，喜欢为自己贴上标签，并以
自己的主张和信仰为荣。我们都喜欢读一些固定的报纸，看一些同样
的电视节目，逛同样类型的商场，吃那些适合我们的食物，穿同种样
式的衣服，这些都没有什么不对。但我们绝不能排除其他可能性，不
然生活就会变得乏味、无聊、僵化死板。

我们应该视生活为一连串的冒险，每次都可以增长知识和经验，
带来快乐和新发现，积累人脉，拓宽你的视野。而裹足不前则意味着
你什么都做不了。

其次，冒险是我们接受训练、重新思考和发现自己的机会。试着
接受挑战吧，去看看这个世界到底发生了什么。如果这种想法令你感
到畏惧，请记住，如果你想的话，你就可以很快再回到你的安乐
窝里。

但对每个机会都抱着接受的态度，也不是一个好方法，因为那本身就是僵化的思维。真正聪明、灵活、会思考的人总知道什么时候要接受，什么时候要拒绝。

如果你想知道你的思考有多么灵活，可以做个小小的试验。你床头是不是总放着同一种类型的书？你是否发现自己曾经说过"我没有见过那样的人"或者"我才不去那种地方呢"这样的话呢？如果你的答案是肯定的，你现在就应该敞开心胸，把封闭思想的束缚彻底放开。

法则 8 关注外面的世界

或许你会好奇，为什么这条法则会出现在个人的部分，而不是出现在关于世界的章节里呢。其实，这条法则是关于你的。对外界保持好奇心是为了让自己进步，而不是为了其他的利益。我没有建议你必须经常地观看新闻，但是你可以通过阅读报纸、收听广播以及与人交流而与时代的发展保持同步。成功的法则遵守者不会使自己陷入生活的琐事，也不会生活在自己很小的精神世界里。你应该把通晓当今世界当成自己的使命——这包括时事、音乐、时尚、科学、电影、饮食、交通，甚至是电视节目。因为成功的法则遵守者对外界总是保持好奇，所以他们对任何议题都能侃侃而谈。你不必拥有最新的资讯，但外界发生了什么事情，你应该了然于胸——例如我们的周遭和世界发生了什么大事或新鲜事，世界有了什么改变。

这会有什么好处呢？对于刚开始这样做的人而言，关注外面的世界能让你更加幽默，能让你保持年轻。有一天，我在邮局遇见了一位老太太在柜台上一直抱怨记不住密码，"密码，密码，像我这样的年纪还要记密码？"她当然需要密码，没有这个她会领不到退休金，况且还远不仅仅是退休金。我们太容易陷入"我以前没做过，现在也没有必要这样做"的思维模式。如果真的心存这种念头，大好机会可能就会在我们眼前流失。

若能贴近生活，成为世界的一部分，而非成为"宅男"或"腐女"一族，我们就可以从生活中取得平衡、感到快乐，并过着成功的人生。我们身边最有趣、最令人振奋的人就是那些对身边所发生的一切都充满极大兴趣的人。前几天早上，我收听到一个广播，一名美国监狱服务长官在广播中接受采访，谈论关于刑事改革的相关事宜，我个人对这个话题并不感兴趣（我不认识那里面的任何人……）。或许你会不认同我的做法，因为我不必了解监狱的问题，这个问题还不如老太太需要知道密码重要，但不论如何，这样可以让我充满活力，朝气蓬勃，这不会有坏处。

对外界保持好奇心是为了让自己进步，而不是为了
其他的利益。

法则 9　远离魔鬼，和天使站在一起

我们的日常生活中充满了各种选择，每种选择都可以简单划分为：选择和天使一起还是和魔鬼一起。你会选哪个？或者你甚至都不知道发生了什么？让我来解释吧，我们所做的每个选择都会对我们的家庭、身边的朋友、社会甚至整个世界产生影响。这些影响可以是积极的也可以是消极的——但这些都由我们来选择。有时会面临两难的局面，我们会在利己和损人之间徘徊——应该满足个人，还是心怀宽大。

没有人会认为这是很容易的事情，决定和天使站在一边总是艰难的。然而如果你想在生活中成功——而我把成功定义为我们能否获得自我满足、快乐和充实——你就能有意识地作出选择，这样可以让我们的生命奉献给天使，而非魔鬼。

我们会在利己和损人之间徘徊。

如果你想知道你自己是否可以作出类似的选择，可以进行一个简单的检测：上班高峰期堵车时，别人开车插到你前面你会如何反应；在你匆忙赶路时，有人向你问路你会如何反应；你年少的孩子被警察找上了麻烦你会怎么处理；你朋友借了你的钱却没有还你会怎么办；你的老板当着你同事的面给你难堪时你如何对待；邻居家的树枝长到了你的庭院里你如何对待；当你不小心用锤子砸伤了手指，你会如何反应等等。没错，这些都是我们每天必须面对的选择。请记住，我们在作出选择时，应该是有意识的，这样才有用。

现在的问题是，没有人会告诉你怎样是站在天使或者魔鬼那边，你必须自行制定标准，但绝不会很难。我想很多的选择都不证自明，比如你的选择会不会带来伤害或会不会妨碍什么？会制造新的问题还是会帮助解决现有问题？会促成一件事还是会把事情弄得更糟糕？所有这些都是你要思考的，你必须自行选择。

重要的是你如何定义天使和魔鬼。告诉别人说他们和魔鬼站在了一起是没有任何意义的，因为每个人对天使和魔鬼的定义都是不同的。别人的选择是别人的事情，他们不会因为你的告诫而感激你。当然，你可以冷眼旁观，客观地检视，然后下定结论："我绝不会这么做"，或者"我想他们只想当天使"，或者"天啊，太可恶了"。但你没有必要说出口！

法则 10　只有死鱼才会顺水而下

生活一点也不容易，这条准则是在教导我们要为此感谢造物主①。如果生活既肤浅又容易，我们就会失去生活考验、铸造我们的机会，我们就不能有效地学习、成长和提高，就会很难超越自我。假如生命中每一天都是美好的，我们很快就会感到厌倦。如果没有阴天下雨，很难想象雨过天晴去海滩玩耍的乐趣。如果生活如此轻松，我们也不用变得坚强。

所以，要感谢生活让我们有时必须挣扎求生，并认识到流水只能带走死鱼，活着的鱼儿都会逆流而上。生活总有高低起伏，必须和瀑布、拦河坝还有汹涌的波浪抗争。没有别的选择，我们不能停止奋

———————————

①　或其他你想要感谢的人或事，不用写下来告诉我。

斗，否则就会被迎面而来的波涛卷走。每次摆尾和舞鳍，都会让我们更加强壮，也会更懂得珍惜。

曾有一份统计指出，退休是最差的生活规划，因为大部分男人在挂起公事包之后，不久就会辞世。① 正如我们所讲的鱼儿那个例子，如在逆流中停止游动，鱼儿也就自然被波浪卷走了，所以你要继续挣扎，像一条鱼儿，力争上游。

试着把每次的挫败视为改善的机会，这会使你变得更坚强，而不是愈来愈弱。许多情况下我们肩上的担子都会在我们承受范围内——虽然我很欣赏有时在我们身上有过多的包袱。奋斗不会停止，但中间总会有许多间歇——正如鱼儿可在河流中的积水潭休息一样。这就是生活，这就是生活的意义：一次次的奋斗和休息。只要是这样，不论你身处何种处境，一切都会改变。你现在处于什么境况呢？片刻的平静，还是在挣扎求生呢？是被风吹雨打，还是在海滩享受阳光呢？学习还是娱乐？要做一条死鱼，还是一条活力十足的鲑鱼？

---

① 我不确定这是否也一样对女性有害，你可以联系我。

这就是生活，这就是生活的意义：一次次的奋斗和休息。

法则 11　不要大吵大叫

　　我曾在不同场合大吼大叫，但事后都会感到后悔不已。我的家庭氛围很热烈，大吵大叫是我们家的生活方式之一，也是唯一能让家人听到、关注你或给予回应的方式。混乱吗？是的。是噪音吗？是的。有帮助吗？很可能一点都没有。

　　我的一个孩子可能就遗传了大声叫嚷的基因，十分擅长大声说话。大吵大叫往往有传染性，其诱惑性就是吸引人加入。好在这条法则是不要动辄就大吵大叫，所以我有了免责条款。如果对方先对你大吵了，我就可以大声去反击，但我会尽量不去那样做。对我来说，任何形式的大声吵闹都是不好的，这是失去自我控制力、没理的表现。一个牧师的孩子曾读了他父亲的布道讲义，在页面的空白处这个孩子写道："在这里大声叫嚷的话，说服力就会大打折扣。"我觉得这句话是对大吵大叫后果很准确的总结。

　　然而我叫嚷过许多次，但是每次之后我总会后悔。有次在外面吃过饭后，我因为一个坏了的影碟机而在繁华街道的一家电器连锁店里大吵大叫，当时我倒是为我的所作所为感觉很痛快，但事实上那样很不好。因此，在内心深处我总对自己感到很羞愧。

大声叫嚷的话，说服力就会大打折扣。

　　如果你像我一样，也继承了吼叫的基因该怎么办呢？我发现有时要想避免去发火我只有去回避。这的确挺难的，特别是在你自认为有理由的情况下。很多事情都会让我们觉得大吼大叫才是达成目的的方法，很多状况下我们会情不自禁地失去理智而为所欲为，然而我们是跟活生生的人共处，每个人都有自己的自尊，大声不代表有理——即使是对方先惹到我们。

　　在两种情况下人们会发脾气：情有可原和故意的。第一种情况比如：开车时不小心压到别人的脚并且拒绝道歉或承认错误，在这种情况下被压者完全有理由对你发火或大叫大嚷。第二种情况比如：人们就是在用愤怒来为所欲为——这就是我们所说的情感上的讹诈。遇到这种情况你可以视若无睹，或以更坚定的立场控制场面，但不要大吵大闹地回击别人。

我也知道在许多状况下，生气理所当然——像小狗偷吃了东西；孩子们不整理他们的房间；你的电脑再次发生故障但维修中心不能很快给予维修；当地的小无赖总是在你院墙上乱涂乱画；无数次地尝试你还是接不通线路；在走到交款台正要交款时，收款员却拿出了停止营业的牌子；有些人故意误解你的意图等等。

可以让情绪失控的例子多不胜枚举，但是如果你简单地把"我不再大吼大叫"作为一条法则，你就会发现控制你的脾气是件多么简单的事。我们都碰到过一些不论发生什么事都会保持冷静的人，这些人很容易被信任、让人可以依靠、会赢得别人的尊敬和受到重用，冷静的人才能走更长远的路。

法则 12　当自己的顾问

　　每个人内心深处都有自己智慧的源泉，这就是所谓的直觉。倾听自己的直觉是个漫长的学习过程，是从识别内心细微的感觉或清楚自己做了不该做的事开始的。这是种不可思议、平缓且安静的声音，在寂静并专注时才能听到。

　　你也可以把直觉称为良知，当你做了坏事，内心深处就会感到不安。你总能意识到你应去道歉、补救和改正。你知道该如何正确地处理，我也知道你了解这些，因为我们都知道，这是无法避免的。

你知道该如何正确地处理，我也知道你了解这些，因为我们都知道，这是无法避免的。

　　一旦你开始去聆听内心的声音或去体会内心的感觉，你将会从中受益匪浅。这比一双站在你肩膀上，没有思考能力的鹦鹉，只会反复念"你又做错了，又错了"要更有意义。关键问题在于你什么时候能找到你的直觉，在做每件事之前让直觉告诉你是否做得正确。

　　要做一件事情之前，试着先接受内心良知的检视，并想一下会得到什么回应。一旦习惯，你就会发现这样做并不难。做每件事前都假设你身边有一个纯洁的孩子，你要向他解释你要做的事情，想象一下他可能会问的问题——"为什么这么做？这样做有什么好处和坏处？我们应该这么做吗？"——然后务必回答这些问题。只有这样，你才会找出问题，然后自己去解决这些问题；也只有这样，你才会发现你已经知道必须知道的一切。

　　注意，问题的答案都在这儿。如果你准备找个信得过的个人顾问，谁是最好的人选？当然是你自己了，这样讲有这样讲的道理，你对所有关于你自己的事实、经历和知识了如指掌，没有人能像你一样走到你内心的深处。

　　有一点要说明一下，我所说聆听，这并不是说要去听从你大脑的想法，因为那总是愚蠢和疯狂的制造地。我指的是一种更平静安稳的声音。对于有些人来讲这是一种感觉而不是声音——这有时叫做内心直觉。即使你称那是种声音，但这种声音许多的时候是不出声的——不像我们头脑中不停扯出的想法——如果它发出声音，也很容易被淹没在连串的思绪之中。

　　良知并不能帮助我们预测会有什么事情发生，你并不能预知哪匹马会以 3′30″的成绩在切普斯托马赛上取胜；你也不能猜到哪个球员能在足球总决赛上得分。这些都不是重要的，重要的是你要能回答这些问题：你要做什么？你要做什么决定？为什么我们有自己的行为方式？如果你问一下自己，早就知道答案了。

法则 13　无须害怕、惊讶、犹豫和怀疑

这些话从何而来呢？出自于 17 世纪的日本武士，这四点是他们造就成功人生和武士精神的关键。

1. 无须害怕

人生之中，你不应对任何事情感到恐惧，即使有，你也要努力去克服。我就承认我有恐高症，一般我不会去靠近高处。最近，因为我家房屋漏水我必须去屋顶检查，这是三层楼的房子，而且每层都很高。在屋顶时，我咬紧了牙不停地在给自己打气，"不要害怕，不要害怕"，直到我成功地检查完，我始终没有从屋顶向下看。不论你恐惧什么，都应该面对并克服令你恐惧的事情。

2. 无须惊慌

人生中似乎充满了惊慌，不是吗？在你轻快地赶路时，忽然间有

一个庞然大物出现在你面前，你难道不会惊慌失措吗？然而如果你在途中仔细观察，你会发现一路上都有这个庞然大物要出现的迹象，你自然也就不会被吓着了。不论你现在的状况如何，它都将会改变。这点谁都能理解，那为什么生活还会让我们感到惊慌呢？因为我们有一半时间都在睡觉，保持清醒，就没有任何东西可以偷偷靠近你。

3. 无须犹豫

评估过优势之后就立刻行动，如果你犹豫，机会可能就不再是你的了。如果你把时间都花在犹豫上，你就很难前进一步。一旦遇到了选择，我们就要当机立断，然后把所做的决定赶快付诸实践，这就是成功的诀窍。不要犹豫指的是不要去等待别人帮我们或替我们做决定；指的是要敢于在对状况有一定把握的情况下果断采取行动，与此同时要去享受这个过程中的乐趣。如果不采取任何行动，等待也没有意义了。

4. 无须怀疑

一旦你做了决定，就不要一次又一次重新检视。不要再去想了，愉快些——学会放松。不要再去担心，相信明天总会是崭新美好的一天。不要对生活充满疑惑，生活本来就是这样的，要自信，要有决心，要相信自己。一旦你为自己设定好了既定的道路和计划，那么就去实施它吧。不要怀疑这样做是对还是错，也不要怀疑你自己是否会获得成功。坚持自己的路，并深信自己的判断。

法则 14　我曾经要是那样做该多好——但现在我要……

　　真后悔，我做了些……你可能期望我去讲世上没有后悔药或者“要是……”。但感到后悔有时是非常有用的，如果你加以运用——情势就会大不相同。

　　有三种情况，我们会说出"我曾经要是那样做该多好"之类的话。第一种是当你感觉你没有抓住某个机会，或者你错过了什么的时候。第二种是当你目睹了别人的成功，但你感觉那个成功应该属于你的时候。最后一种和你没有关系，而是你身边的人——那些总是把"我本来会成为某某"挂在嘴边的人，他们总认为没有成功的原因就是没有碰到好的机会或不走运。不幸的是，对于最后这种人，即使幸福女神再次降临并把机会丢到他们眼前，他们同样会错失。

　　当看到别人成功时，人们可能会有两种反应：一种是羡慕和嫉妒对方，一种是把别人的成就当做激励自己的工具。如果你发现自己在说："要是我曾经那样做了/想了/去过了/观察到了/经历了/遇见了/理解了该多好"，你应该学会在这些话后面加上"但现在，我要……"。

至于那些不曾做过的事情，要做到并非不可能——即使它和你过去要做的不完全一样了。比如说，如果你总在想"我要是能在上大学之前去中国游历一年该多好啊！"或诸如此类的。很明显，你不能让时光倒流，但你能不能现在抽六个月的时间去那里？你能不能抽出比通常假期更长的时间（和你家人一起）去中国？或者把到中国旅游列为退休后的优先计划？

当看到别人成功时，人们可能会有两种反应：一种是羡慕和嫉妒对方，一种是把别人的成就当做激励自己的工具。

很明显，如果你的遗憾是你没有赢得奥运会田径 400 米金牌，因为你在 14 岁的时候就放弃了体育，那么现在 34 岁的你也就不可能再实现那个夙愿了。你能做的就是下定决心不再错过你身边的其他机会，所以你还不赶快去参加潜水课程，这样的话，你就不会在下一个 20 年后再后悔说"我要是那时学了潜水该多好啊"这样的话了。

法则 15　可以放弃

你是否听说过有人考驾照考了 35 次还没过？在欣赏其坚持不懈的毅力的同时，你是否也在想为什么他们不放弃呢？很明显，这些人不适合在满是孩子、老人、小狗和灯柱的马路上驾驶庞大、笨重、危险的机械装置。即使他们最终通过了驾照考试，也会让人感到他们可能是侥幸通过的，你可能也不想坐他们开的车。

事实上，如果他们举手投降说："这真的不适合我，我决定买辆自行车或公交月票了。"我为他们能正视这一点感到高兴。我不会叫他们半途而废者或是批评他们没有毅力或缺乏动力。他们会清晰而明确地得到这些信息，并且有良好的意识不会去忽视它。

在一生中，我们有时会走错路，但动机却是很好的。也许在我们没有尝试走这条路之前我们并不知道它是错的。当我们意识到我们走的这条路并没有带我们到达我们向往的地方时，立刻承认这一点并没有什么好羞愧的。当你意识到这个大学课程不适合你，或你不具备出色完成工作的能力，或者你参加地方议会的时间太长以至于影响你的家庭时，这都需要勇气去放弃。这不是半途而废，而是有胆略。

半途而废是当你不想做更多努力、不想被打扰、不喜欢努力工作、害怕失败时选择放弃。法则遵守者从不选择放弃。我们坚守自己的决定，努力工作而不是去抱怨。

一位好的法则遵守者知道何时出击。如果生活告诉你选择错了，你应该坦率地承认这一点，重新选择一条不同的路。没有人可以聪明到做对所有的事情，有时你需要去尝试。

几年前，一位非常重要的联合国部长辞职了，只是简单地解释说她不能胜任这一工作。这是需要勇气的，而她的勇气超乎我的想象。也许她在任期间不是特别出色，但是她的诚实、勇气和自我认知已经使她区别于其他的政府官员，尽显卓而不群。这个例子也告诉我们：在合适的时间，以正确的方式放弃，只会彰显你强大的个性魅力，而不是软弱。

一位好的法则遵守者知道何时出击

法则 16　数到十——或者想个笑话

也许，有时候会有一些人或一些事惹你生气？但既然现在你是法则遵守者了，就不应该乱发脾气。但到底怎么才能做到呢？其实答案就在一个流传下来的古老的金玉良言中：调整好呼吸从一数到十，同时祈祷将要爆发的怒火赶快平息下来。对我来说，这总是很管用，虽然只有几秒钟，但正是这关键的几秒钟让我很快镇静下来并重新找回自我。一旦冷静下来，我们就可以运用智慧，作出适当的回应。

一旦冷静下来，我们就可以运用智慧，作出适当的回应。

　　那个古老的金玉良言确实很管用。你可能会讲，"别老套了"!
但是，它确实有用。你不喜欢它？没有关系，在你调整呼吸时，你不
必去数数，你也可以默默地背诗，但要是首短诗。我建议你默唱
"黑绵羊咩咩叫"这首儿歌，或默默背诵约翰曼斯·菲尔德的诗句
"我一定得再次出海，重回那荒寂广阔的大海中，我把我的裤袜落在
了那里，还担心是否已晾干"①。那样做不仅会让你开心地笑起来，
而且也确实会让你平静下来。

　　如果有人向我们询问问题，而我们对答案并不十分确定，那就静
静地数十声之后再去回答，这样做会让所有人都觉得你是多么的成熟
和理智（如果你实际上是在默唱"黑绵羊咩咩叫"那首儿歌，那么
千万不要告诉他们）。这就是所谓的"动脑筋讲话"——停顿后再讲
话往往会避免很多问题。

　　当我们处在一个危机四伏的环境，十秒的冷静能带来极大地帮
助。我曾经开车路过一个小镇里很偏僻的地区，当时已饥肠辘辘，没
多考虑我就把车停到一家卖油煎鱼加炸薯条的快餐店前。我在柜台订

---

　　①　向作者约翰曼斯·菲尔德道歉了，但还是应感谢斯派克·米利甘。

餐的时候，身后的一个"面恶心善"的人轻声地告诉我说在走出店的时候要当心。我当时不解地问他为什么，他指了指坐在店外矮墙上的小年轻真诚地说道："小心你买的东西被抢，他们都在那里等着免费餐呢。"

　　然而我还是因为饿极了而购买了食物——我没有迟疑，其实可能是因为害怕的缘故。但我很快调整了呼吸，整了整上衣，镇定地站在那里看了看那些年轻人。我打量着他们，快速默默地数到十，然后坚定地朝着他们走去，同时仍然默默地数着数，在我还没有走到他们跟前时，他们就散开了。天哪，那天的炸鱼和薯条可真是好吃！

法则 17　改变你可以改变的，学会放弃

　　人生苦短，这是另一个我们无法逃避的事实。正因为时间是短暂的，所以就不要浪费时间，哪怕是一分一秒。我所知道的成功人士都是高效利用时间的人，他们懂得如何让有限的每一份精力都用在实处，如何时刻分享成功的满足和快乐。他们把注意力放在可以掌控的事情上，并有着懂得利用时间的智慧，放无法掌控的部分。

　　如果有人要你伸出援手，你可以选择帮或不帮。如果整个世界都向你寻求帮助，那么即使你想都去帮助，恐怕能做到的也会很少。硬着头皮去做不但很难成功而且往往会浪费许多时间。我并不是说对世上的事情都不要去理睬，或不去帮助那些需要帮助的人，事实恰好相反，你要作出选择，哪些事情可以加快个人的进步，哪些事情不该投入丝毫的注意力。

如果你把时间都花费在试图改变那些显然不能改变的事情上，那么生命将会迅速消逝。然而如果你全身心地投入到你能有所作为的事情上和领域中，生活就会变得丰富和充实起来。有趣的是，当生命更充实，我们就会觉得自己好像拥有更多的时间。

很明显，如果众志成城，就能改变许多事情。但是我们的法则都是关于我们个人的——都是和个人发展有关的——所以你只需关心我们个人可以改变的范围。

全身心地投入到你能有所作为的事情上和领域中。

如果你能影响总统或总理，你可以制定影响一个国家的政策；如果你是教皇，你可以颁布一部全新的教皇训令；如果你是将军，你可以指挥一场战争；如果你是编辑，你可以在你出版的书上都印上你的名字；如果你是餐馆服务领班，你能订上最好位置的酒席……但你到底是谁呢？在你的能力范围之内，你能改变什么呢？

一般而言，我们最了解自己，我们唯一能影响的、能改变的就是我们自己。多好的机会啊，可以试着去做那些有意义的事，去达成某些真正的贡献。从改变我们自己开始吧，这样做我们就不必在那些与我们意见不合的人身上浪费时间了；就不用在没有指望的事上费神费力了。改变自己吧，其结果是我们可以掌控的。

法则 18　把事情做到最优，而不是次优

　　哇，多么高的标准啊！把事情做到最好很困难，但这是必须的。如果你是上班族，你就要尽可能地把工作做得尽善尽美；如果你身为父母，就要尽可能地做最好的父母；如果你是园丁，你就要去做最好的园丁。因为如果你不愿意做到最好，那么你的生活还有什么目标呢？还有什么意义呢？任何事情如果你总是开始就把目标定在次优，不是很悲哀吗？其实，这条法则是很简单、很容易操作的。就拿如何做父母的例子来说吧，什么才是教育子女的最佳方式呢？当然我们没有绝对的正确和错误的标准，因为这完全是个主观的话题。你认为最佳的教育子女的方式是什么？当你找到了教育子女的最佳方法之后，你还打算做个不及格的父母吗？应该不是！

　　同样的道理也适用于各种事情，你做每件事情都会想要尽可能做到最完美。一旦你成了法官或陪审员，你就会很容易按照你的期望去做事，因为一切都在你的掌控中。没有人可以说你成功或失败，也没有人可以为我们做的事情制定任何标准。

　　或许听起来有点诡异，但只有我们才能断定自己是成功或失败，这意味着你每次都会给自己满分，是吗？很可能不是这样的。在没有人旁观的情况下，我们总对自己要求甚严。因为我们知道欺骗自己是没有意义的。

　　最神奇的是，自己制定标准，没有人可以对你作出评断。这是多么大的自由啊！简直是无穷大。在定好自己所能做到的最好的目标和标准之后，剩下所有要做的就是要根据自己的目标和标准，定期核查自己的执行情况。

　　标准并不需要过于繁琐。比如，你眼中最好的父母可能是"总在孩子身边支持他们"。你不需要具体地帮助他们，比如你不必规定一天中你要向你的孩子说多少次你爱他们或不停地去关心他们是否每天都洗了袜子。不要这样，你的目标仅仅是"总在他们身边支持他们"，这才是你能做到的最好的。而如果你未能做到这一点，那是因为你开始就没有真正做到这一点。失败没什么大不了，没有尽力而为才不足取。

　　你要做的，就是有意识地思考自己在做什么，然后力求做到最好。重要的是你要知道你现在正在做的事情和要达到的标准，还要注意只有你才能监督自己的执行情况。找出你的目标，同时要注意制定的目标一定要简明且是可以实现的。你要确保自己清楚知道什么是最好的，什么是次优的。

　　失败没什么大不了，没有尽力而为才不足取。

法则 19　不要事事追求完美

你可以追求事事做得完美，但如果你失败了怎么办呢？其实只要你尝试过就好。你见过从来没有失败过的人吗，这得多小的几率啊？人都是会犯错的。

如果你不是完美主义者，在生活中有些懒散、随意、无组织纪律性、散乱，并且有那种什么都"无所谓"的态度，那你可以跳过这部分。我有一个朋友是位银器匠，他的房子很小，他的所有个人生活全在这个小空间中，但是他做出的每件珠宝都非常好。我们每个人都有完美主义倾向。

我这位做珠宝的朋友认为他的作品的每一处都应该是完美的（当然是在他定的这个价位下），如果有一处令他不满意，他就不会出售这件珠宝。当然这并不意味着他应当不断地战胜自己以防混不下去，他只要意识到并不是每个想法都是能做到的，接着完善下一处就好了。

　　我受不了那些以为自己是在追求完美的人，这会让我感觉他们能力不足。并且这也不是生活的好方式。与他人交往的时候让人感到你能力不足肯定不太好，所以我们还是避免刻意地追求完美吧？我们应当追求做到最好，但也要意识到事事都做到最好不太可能。就像经过雕琢的宝石，正是它的瑕疵、缺点和不完美之处造就了它的独特。宝石的瑕疵可能会减少它的价值（并不总是这样），但也正是这些瑕疵证明了它的纯正。我觉得莱昂纳德·科恩的歌完美地描述了这一状况。①

　　敲响所有那些还能够发声的钟

　　忘却你的完美之欲

　　万物均有裂缝

　　光才得以照进

　　你生命中发生的一切造就了你，包括所有的成功和失败，成就和

──────────

① 来自 Anthem，是莱昂纳德·科恩写的歌词，索尼音乐 1992 年发布的作品。保留所有权利，经允许后使用。

错误。如果你从这一过程中拿走了一些不完美，你也就不是你了。

这个法则跟前一个法则类似，我并不是说你不要求事事完美你就可以对你做的事毫不在意、不认真。作为一个法则遵守者，你也不会选择这条路。关键是当你追求完美时，一旦偶尔没有达到目标你也没有必要逼迫自己。不仅如此，感谢你身上的瑕疵和不完美之处吧，因为那也是你重要且不可或缺的一部分。我可以肯定地告诉你，这种态度会让你的人生更有乐趣。

感谢你身上的瑕疵和不完美之处吧，因为那也是你
重要且不可或缺的一部分。

法则 20   拥有梦想

这听起来似乎显而易见又容易做到的，但令人吃惊的是，你仍会发现有很多人都在束缚他们的梦想。梦想是属于你的，它不应该被限制。计划必须切实可行，梦想则不必那么实际。

计划必须切实可行，梦想则不必那么实际。

我在赌场工作过许多年，当时我对一个有趣的现象十分好奇：赌客总是十赌九输，因为输钱不会被限制，而赢钱总是受到限制。我也看不透他们赌博的原因，但上瘾的赌客是真的做得不好。步入赌场时，他们的态度还好——"我输了这五美金就不再赌了"。而结果往往是：他们会输掉五美金后再兑现支票接着赌，然后愈赌愈输，形成恶性循环。

　　我并不提倡赌博——现在不会，以后也不会。相信我，赌博是种不良嗜好。人们去限制梦想和限制赌博中的赢钱是一个道理。而梦想不会带来任何伤害，所以不要限制自己的梦想！你尽可能允许梦想很高、很广、很大、很夸张、很疯狂、很古怪、很天马行空、很奇异甚至很荒谬，只要你能想象得出来。

　　你也可以期盼我们想要的一切事物，期盼和梦想都是你个人的事。世上没有去监督期盼的警察，也没有照看梦想的医生去留心你那些不切实际的要求。那是你和你内心之间的私事，与他人无关。

　　在这里，我只有一个忠告——我也是就个人经历而言——在期盼和梦想的东西刚刚变为现实时，你会怎么面对？

　　许多人认为符合现实的才值得去梦想，但是那样就不是梦想了，而是成了计划，计划与梦想是有很大区别的。我如果定了计划，就会一步步去实施以达到预期的结果。梦想可以是不可能的，甚至是永远都无法实现的。但是也不要认为整天做白日梦会导致你一事无成，最成功的人通常都是最勇于梦想的人，这绝非偶然。

法则 21 如果你想从桥上跳下去，首先你要知道水有多深

很多风险承担者也许会说，我一直是个风险承担者。从长期来看，我还没有为我做的事情后悔过，正是这些事情造就了我，而且你也无法知道其他的选择会给你带来什么。然而，从短期来看，我经常想："你这个傻瓜，你为什么没看到这些机会"。

当然，我在跳下去之前没有看水有多深。我曾经放弃一份非常好而且稳定的工作，选择去当作家。没有事先想过当作家多久才能赚到钱;① 没有计划过我的储蓄能维持多久；没有计算过新的生活方式带来的贷款、账单、周末购物、汽车消费、宠物食品和其他的活动需要花多少钱。当然，最终我可以依靠写作维持生活了，但我确实过了几

---

① 如果你想知道，答案是需要几年。

年非常艰苦的日子。

我知道有些人从来不承担风险，从来不出去旅游，从来不去改变，也从来不想去实现他们的梦想，我不想像他们那样生活一辈子。这样的人周围有很多，我一点也不想变成这样的人。并且，这么多年，我发现那些真正高兴的人是愿意去承担风险的人，当然，他们首先是有远见的。不为躺在海滩上找理由，而是去看水有多深。当我开始模仿（很慢的）他们的选择，我发现我更快乐了。我得到了我想要的，但付出却比以前少了。

我过去比较容易受骗，朋友们说："快来吧，这个很好，和我们一起投资/休假/玩游戏！"我立刻就会跟随。好笑的是，有时候跳下去才发现，水可能很凉、很脏、有泥沙或很粘，且总是很湿。也有朋友希望我用我从来没想过的方法支持他。在朋友陷入困难的时候，我们会本能地提供帮助。但有时我们可能无法承担一笔无法偿还的借款，或花时间听朋友说他们遇到的困难，结果自己生活中确有很多问题需要家人去承受。

所以无论是自己从桥上跳下去还是和朋友一起，都要先看一下水的深浅。水也许不错，但有时最后站在岸边，伸进去一个脚趾，或划一下水，这样你也会对你要跳的地方有个了解。

有时最后站在岸边，伸进去一个脚趾，或划一下水。

法则 22　不要总沉溺过去

　　无论过去如何，都已成为过去。你无法改变已经发生的事，所以必须把注意力转向现在。虽然有时会很难摆脱过去，但是如果想成功的话，就必须把注意力转向正在发生的事情，面对现实。你可能总留恋过去，留恋过去的遭遇和过去的美好。无论如何，你都必须抛开过去，因为我们只能活在当下。

　　如果你是因后悔而不断追忆过去，那么现在就清醒吧，你不可能再回到过去，也不可能抹去过去所做的一切。如果你感到内疚，那么你也是在自己伤害自己。我们都做过错误的判断，由此伤害到我们身边的人和我们所爱的人。一笔勾销过去发生的一切是不可能的。你能做的就是去解决问题，不让那样的错误再次发生。我们能做到的也只有这些——承认自己做得不对，然后努力不再犯相同的错误。

　　如果过去对你而言是光辉岁月，而你总是沉溺于其中，那么你就要学会珍藏过去那些美好的记忆，同时继续你的生活。现在关键的是去创造生活中新的美好时光。如果回忆过去比起现在好得多（暂时不要盲目乐观），那么也许你可以通过分析得知准确的原因——金钱、权力、健康、活力、快乐还是年轻，然后继续去开拓新的生活。我们都需要将美好时光抛在脑后，并且在新的挑战及领域找到灵感。

　　每天醒来都是一个新的开始，我们可以做我们想做的任何事，新的一天就像一张崭新的画布，我们可以画任何我们想画的。一直保持激情可能会很难——这有点像在锻炼身体。开始的一段时间可能会特别难，但是如果你坚持下来，有一天你就会发现你不用再努力有意识地去慢跑、散步或游泳了。一直坚持需要极大的专注力、热情、决心与恒心，这些都不容易。

　　试着将过去当做一个与现在截然不同的空间，你可以随时回去，但你已不在那里生活。你也可以去拜访，但它已不再是你的家了。你的家就是现在。现在的每一分、每一秒都很重要，不要再把宝贵的时间浪费在过去的老房子里了。不要错过现在发生的一切，因为如果你忙于留恋过去而浪费了现在的时光，那么之后的时光你也会忙于留恋现在并茫然于为何你会浪费现在的时光。请学着活在现在，活在当下，活在此时此刻吧！

请学着活在现在，活在当下，活在此时此刻吧！

法则 23　不要活在将来

如果你认为前一条法则难以实行，请尝试该法则……但是未来是将要发生的，你可以大声宣布：将来我可以很成功、快乐、富有、美丽、出名、爱情美满、事业成功、脱离那些糟糕的人际关系、开心玩乐、朋友相拥、好酒相伴。是啊，这些可能都已在你的计划中或全是你所梦想的。但是，再重复一遍，你生活在现在，生活在这里。现在就是你生命中等待已久的日子，是你必须珍惜的，不要再去渴求其他的。当然，渴求绝对是件美好的事，拥有梦想是很好的。不要让任何人告诉你梦想是不好的事情，但是要知道是现在的你的梦想。好好享受一切的梦想与渴望，也享受生命及达成梦想的力量。

活在当下，并不意味着要你把责任与关注的事物完全抛下；并不意味着你不用做任何事情，成为一个完全的快乐追随者；并不意味着你可以盘腿而坐，悠闲自在地深呼吸——虽然所有的这些都是你可以做到的。活在当下意味着珍惜自己活着的这个事实，把今天视为重要的一天，让生活更充实，就在此时此刻。

我们不能只计划把未来的快乐放在未来——"噢，如果我更富有/更年轻/更健康/更快乐/有更多的关爱/更少的糟糕的人际关系/更好的工作/更好的孩子/更好的车/更苗条的身材/更高的身体/更健美的体魄/更稠密的头发/更好的牙齿/更多的衣服"——清单上的条目可以是无穷尽的。如果再改变那么一点，生活就会完美了？不幸的是——是不会那样的。当这个或那个发生了变化时，总还会接着出现许多其他的事，这样一来，你所期望的幸福就要推迟了。如果你突然发现自己变得更苗条，你可能就会希望自己更有钱，或你的伴侣可以更爱你。你会期待其他事物让自己更快乐。

忘记那些更多、更好、更有钱或更瘦的想法。关键是要欣赏和珍惜我们现在所拥有的，并继续你的梦想和计划。这样的话，比起我们总去瞻望未来，我们至少现在会得到更多的快乐，而且我们追寻的未来会更快乐。

不要以为我现在的状况都很好，事实并非如此。我也需要减肥，当然也要更加健康，得到更多的东西（我们都喜欢好东西）。但我同时也珍惜现在的我，珍惜我现在拥有的一切——这是个秘密——因为现在的一切是真实的。现在的我才是真实的我，未来的我还没有诞生，也可能永远不会出现（或许我无法获得更多物质享受或成功减重）。而我现在拥有的至少都是真实的、有形的、实实在在的。有梦最美，但现实也很好。

有梦最美，但现实也很好。

法则 24 好好过活——岁月飞逝

　　每一天、每一秒，生命以惊人的速度呼啸而过，而且流逝的速度越来越快。我曾经问过一个 84 岁的老人是否感觉时光会随着年纪慢慢变大而放慢，他的回答虽然不宜公开，但他很坚决地否认了随着年龄的增长会感觉时间变慢这一说法。时间总会越过越快的，有时我都会感叹时间过得太快了，以至于有些事情我们还没有准备好就要去做，希望你知道我是什么意思——就像没有前奏的乐曲一样。但是如果你想在生活中获得成功、快乐、充实、意义、刺激和回报，那么简单的法则就是要跟得上生活的节奏。我相信你一定希望你的人生如上所述，不然你不会阅读这条法则。

　　那么，我们要如何开始呢？其实和我们做其他事情一样，我们首先要确定目标，然后制订计划和规划实施的方案，最后就是要按计划去行动了。

　　设想你是一个大公司的项目经理，公司希望你筹办一场大型的展览。你肯定会先确定你预期的展览收益，比如应该达到的目标（卖100 个产品，或发放一定量的礼品，或吸引 20 名新顾客，这些都是你的目标和方向）。然后你就要制订实施方案了——预订展台、安排相关人员、印刷相关资料等。有了适当的计划并按部就班进行，你就可以达成目标。

　　生活没有什么不同，它就像在做一个项目一样——然而生活的覆盖面会很广，而且很多时候比展览台重要。

　　我深信你能了解我的想法。生活中重要的是行动，但是如果没有目标，那就很容易迷失方向或走很多弯路。如果你不知道何去何从，也不知道自己的目标，日子就会过得浑浑噩噩。

　　我所说的一切并不会让生活失去自主性。老实说，我并不认为生活就像工作中所做的项目一样。我倒觉得生活是个充满了挑战、回报、令人激动的经历，是个丰富多彩的、充满未知却很有童话般神秘色彩的过程。如果你想生活得更好，你必须去思考生活。否则，日子就会过得浑浑噩噩，甚至你会发现自己随波逐流——最终可能被生活的激流卷向堕落。

要想生活得更好，你就必须去思考生活。

我总是认为，生活中不管出现什么情况，都是一种好事。我是一个爱冒险的宿命论主义者——无论遇到什么挑战我都会有所准备。然而，慢慢地我发现了制定目标并努力为之奋斗的巨大益处，这让我不会继续在生活中漫无目标地漂泊，有目标和计划总是能让生活变得更加美好。

法则 25　保持一致性

　　这本书的首版的一位读者给我写了一封邮件，他在邮件中说我在第一版中提到的一条法则与另一条法则相违背。但是，我不会告诉你是哪一条法则，你需要像他一样，自己去把这个法则找出来。

　　我想要说的是，（出现这一情况）恰恰意味着，我遵守了前面提过的"不要事事追求完美"这一法则。当然，不容否认的是，这位读者明确地抓住了这一问题，并且正如他所认识到的（他非常的有礼貌），保持一致性是非常重要的。

　　当然，我从来不会傲慢地（或愚蠢地）宣称，我本人的行为从未违背任何法则。毕竟，这些法则其实都是我通过观察别人的行为总结得出的，而非我的个人偏好。因此，我尽可能地去遵循这些法则，而且对我来说，那些较早得到的结论通常会更加容易遵守。但也不总是这样。

无论如何，我们都应当一直遵守我们定下的人生法则（无论是不是这本书中提到的）。这样我们就不会在偶尔迷失方向的时候找不到那条正确的人生路。

我发现我的孩子在这方面给了我很大的启发。① （如果你没有小孩，你就不太容易发现自己前后矛盾的地方。）如果你和孩子们一起讨论一个你们意见不一致的问题（这个说法确实很委婉），他们会很容易让你看到你的说法中前后矛盾的地方，或那些你今天说的和昨天说的不一样的地方。前后矛盾和虚伪之间的界限非常明显，我们越清晰地知道自己的原则和如何做事的原因，我们的所想、所说和所做越容易前后一致。

例如，你的小孩说你曾经批评过他们，让他们不要在背后说同学的坏话，但你昨晚却和奶奶在电话里抱怨一位同事不好。这时，你就要考虑背后说人坏话和抱怨的区别，然后确认自己和小孩都不是前后矛盾的人。

---

① 我一直认为他们来到世界上是有所追求的。

　　还有一个问题，如果你不是前后矛盾的人，你的生活会更从容。行为古怪、喜怒无常的人很难相处。如果你的朋友和家人无法了解你对某些问题或建议的反应，他们会生活得紧张不安，除非你是一位修道者。我不是说你的生活要千篇一律，非常乏味。你的想法、行为和兴趣可以无法预测和有极大的吸引力，但你对他人的态度应当是可以信赖的或一致的。你有可能让别人的生活更有色彩、更容易、更好，也可能更灰暗、更虚假、更筋疲力尽，你会选择哪个呢？

　　这样我们就不会在偶尔迷失方向的时候找不到那条正确的人生路。

法则 26　穿着得体

　　今天很重要，因为它是我们唯一能够真实掌握的日子，但怎么才能体现它的重要性呢？穿着的方式是体现其重要性的标志之一。这里我并不是说要像母亲教导我该如何穿着那样——"记着每天都要换内衣，因为你不知道什么时候就被公交车撞倒了。"小时候我对这句话很感兴趣。我当时并不理解干净衣服和被公交车撞倒有什么关系。我过去常常想象，如果我被送往医院，当医护人员脱掉我那血迹斑斑和破碎的衣服时，他们会不会因为我穿了脏衣服而十分鄙夷和厌烦地说："别看了，这个孩子还穿着昨天的脏衣服——快把他赶出去。"

　　你会发现，很多法则都与自觉地选择、决定和察觉有关。以我的观察而言，每一位可以把生活安排得很好的人，都是那些有自觉性的人。他们头脑清醒，知道自己应该在什么地方要做什么事。如果你也希望人生不只是一连串的随机事件，而是一系列刺激有趣且有回报的冒险经验，那你也必须随时保持自觉。

请把每天都视为重要的日子。起床后要去冲澡、洗漱、刮胡子、打扮、梳头等，这样会让自己看起来很体面，让别人看到你时也会感觉很舒服。然后，你可以选择漂亮、干净、时尚的衣服来打扮自己，就像去参加工作面试或生日聚会那样。如果你每一天都重视自己的穿着，认真而又潇洒地对待，日子也会变得重要并且令人期待。

如果你穿着得体、隆重，别人会对你另眼相看的——而你也会彰显出不同的气质。这里我想强调一下，我并不是说非要打扮得很正式，你不需要把自己捂得严严实实而使自己感到很不舒服。我说的是穿着得体且隆重。

如果你穿着得体、隆重，别人会对你另眼相看的。

然而你肯定会问："到周末我们就可以放松了，不用再过多考虑我们的穿着了呢?"当然可以，但并不代表你可以随随便便。在周末，你会去看朋友和亲戚（除非你每个周末都自己度过）。你的穿着是你对待亲戚和朋友的一种表现，所以你同样要重视周末的穿着。不仅你的朋友不想看到你不修边幅、头发蓬乱、衣冠不整、漠不关心，而且你的穿着的确关系到你的个人形象。如果你把每一天都视为重要的日子，就会提升你的自尊、热情和自信。

我不希望你对此深究。试着这样去做，看看你会得到什么。如果两周内你没有任何改变或仍然没有振作起来，那么你还是忘掉这个法则回到你以前的生活方式中吧。但我保证，你将会觉得很好，生活会过得更精彩，更有趣且更丰富。

如果你接受了有意识的生活方式，你会发现，让自己邋里邋遢是不太可能的。

法则 27　拥有信仰

　　我不是鼓吹宗教，或是准备教唆你去盲目地崇拜一种陌生的宗教。我只是说那些拥有信仰并靠信仰度过危机与困难时期的人会比那些没有信仰的人做得更好，就是这么简单。

　　信仰指的是什么呢？这是很难用言语来形容的。我觉得一个信仰体系就是对世界、宇宙和一切事情的一种认识。它可以是你所相信的死后将发生的事情，也可以是你在夜幕降临或是陷入困境时祈祷的对象。那些拥有信仰的人似乎早已经对他们的世界观、价值观和一切事物有了明确的认识，而这种认识至少是让他们感到快乐的。但他们的这种认识正确与否似乎并不重要。你可以信奉上帝，或信奉很多神灵，或者其他你愿意相信的人或事——比如你相信我们不过是怪异的外星试验品或者你信奉地球是扁平的——这都无关紧要。信仰什么宗教可能对你来说很重要，但只要你有了信仰，你的生活就会比那些没有任何信仰的人更好。没有信仰的探索不会让你过上幸福的生活。

　　我知道你一定会说："如果我还没能找到答案，也没有信仰会怎么样呢？我该怎么办呢？"我想你应该继续寻找，但是务必尽可能快地找到你的信仰，因为它是你人生的重要法则。花一些时间去思考吧，把它放在自己最优先考虑的事情中的重要位置，因为这条法则很重要。

　　我希望你注意到，我并没有在此建议你去选择哪种信仰。任何信仰都可以，只要它可以在你遇到困难的时候帮助你，回答你关于人生的问题和自己存在的意义，并给予你精神上的慰藉。你的信仰必须让你感到舒适。如果你选择一个有报复和暴力倾向的神灵，它每时每刻都注意着你的一举一动，并且时时刻刻恐吓你让你屈服于它，那么你实际上是会受到伤害的。（如果你已经有了类似的信仰，也许你应该重新思考）

　　或许你可以想一下，你的信仰是否会让你感觉到有负罪感或是不快乐，它是否会迫使你伤害自己的身体，它是否会以某种方式毁掉或改变你的容貌，它是否会以种族和性别歧视来排斥一些人，或者它是否需要履行一些正式的宗教仪式才会兑现安抚你的承诺。对一些人来说，理想的信仰绝对不会只是让人们敬拜、服从或是屈服一个有名无实的神像。信仰是个人的事，花些时间想想自己的信仰吧。

　　信仰就是一个信念。你不需要向任何人证明它的正确性，或让别人都去接受它（参见法则 1），或把它宣传为普世信仰。你可以从别人的信仰中，摘取部分作为自己的信仰，你应该试着拥有自己的信仰。

你不需要向任何人证明它的正确性，或让别人都去接受它。

法则 28　每天为自己留一点时间

大部分人会认为自己把这条准则实践得很好，其实他们错了。你或许认为每天都有一点自己的时间，但我打赌实际上你并非如此。你看，甚至在我们独自一人的时候，我们也免不了花很多的时间去担心他人，照顾我们的家庭、朋友和我们所爱的人，以至于我们留给自己的时间变得很少了。在这里我提倡大家要做的事情并不是有挑战性或者很难做到的事情。实际上它很容易，只要每天给自己留一点时间就可以了。哪怕只有十分钟（最理想的是半个小时），把其他的事情都放到一边，全身心地把精力都放在自己身上。这样是不是很自私？是的，但本来就应该是这样——因为你就是船长、发动机、动力、磐石，你需要时间去重新调整、重新更新和恢复旺盛的精力，你需要时间去充电、保养和维修。如果不这么做的话，你就无法获得新鲜的燃料，你的引擎会耗损，你也是。

　　在属于自己的时间中要做什么呢？答案是：什么事情也不做。我的意思就是这样。这些时间不是让你躺在浴池里泡澡，或是打牌，或是冥思苦想，或是看报纸，或是睡觉。这是留给你自己的一点时间，一点喘息的时间，一点只是静静地坐在那里什么事情也不做的时间，仅仅呼吸空气就可以了。我发现每天抽出一两个十分钟静静地坐在花园里呼吸空气是一件很美妙并能让你精力更加充沛的事情。我坐在那里，什么也不想，什么也不做，什么也不去担心，只是安静地坐着享受活着的快乐。

　　我是在青少年时期发现了这条法则。我发现让自己陷入愤怒和担心是毫无价值的。我的母亲常常习惯冲我大声喊："你在干什么呢？"而我总是回答："没干什么"。然后她总会继续说："那你过来吧，我找点事情给你做。"她也常会唠叨："你死读书是永远做不了什么大事的。"还有一句是我最喜欢的："没人会像你一样想那么多。"你会如何回答这种问题呢？

什么也不要做，那是完全留给你自己的一点时间。

我发现抽出点时间什么也不做真的很重要，而一旦我把自己的时间复杂化了，它也就失去某些东西。如果我在独自喝咖啡，那么这段时间就是喝咖啡的时间了，而不再是属于我自己的时间了；如果我在听音乐，那么这段时间就只是音乐时间了；如果我和朋友在一起聊天，那么这段时间就是社交时间了；如果我在读报纸，那么那段时间也不能被称为我自己的一点时间了。自己的时间是完全自我的，保持简单，保持空无，保持单纯。

法则 29　为生活制订计划

　　你必须制订一个计划。一个计划就像是一幅地图、一个向导、一个目标、一个焦点、一条道路、一个路标、一个方向、一条小径、一种策略。常常有人会说你应在某个时间去某个地方，去做某些事情。计划将为你的人生勾勒出美好的前景，将会为你的生活提供动力。如果你总是让生活停滞不前甚至倒退，你的人生将会像激流中的船舶那样迅速地漂向下游。然而，不是所有的计划都可以实现，也不是所有的地图都可以引领你找到财富。但如果你拥有一幅地图和一把铲子，你将比那些随便乱挖或者大多数根本不去挖的人更有可能找到财富。

　　有计划表示你对生活有想法，而不是消极地等待事情发生。否则，就像刚才提到的大多数人那样，他们甚至从未对生活有过任何思考，而仅仅是永远被动地等待生活所带来的"奇迹"。仔细想想自己究竟想要做什么，然后计划好实现目标的每一步，最后去实施它。如果你不为你的想法制订计划，那么它将永远只是个梦。

如果不为你的想法制订计划，那么它将永远只是个梦。

如果你没有计划，会是什么情况呢？对于你自己来说，你将会有种很强烈的"失控感"。而一旦制订了计划，任何事情都会做到井然有序，并且实现这一计划的具体步骤也会易于完成。一个计划并不是一个梦——它是你有计划地去做的事情而并非仅仅是想去做的事情。有了计划代表着你已经全盘思考过要如何进行。

当然，制订好了计划并不意味着无论遇到什么情况你都必须固守和坚持它。计划在必要时总要不断地被重新审视和重新完善。计划不应该是一成不变的。随着实际情况的变化和你的改变，你的计划也应相应地进行调整。计划的细节不是最重要的，而有计划才是至关重要的。

有计划让我们处变不惊。当生活变得紧张的时候——有时确实会很严重——我们很容易忘记我们奋斗的目标。计划意味着当生活状况有所好转的时候，你仍然可以记得"我将要做什么呢？哦，对了，我记得我的计划是……"。然后，可以再次出发，继续向前迈进。

法则 30　具有幽默感

　　有幽默感相当重要，因为生活是不断的奋斗，是使劲挣扎的过程，我们需要保持一种对生活的平衡感。但我们做的跟我们认真看待的事可能常常和其本身相去甚远，虽然那听起来有点可笑。我们会陷入琐事的困扰，在无关紧要的细节中迷失方向，以至于注意不到生活的飞快节奏。只有放开那些不重要的事情，我们才能将自己拉回到正确的生活轨道上来。怎么才能做到呢？最好的方法便是以幽默的态度去看待我们自身、看待我们的处境。但不要取笑别人，他们只是像我们一样，有时会迷失自我，并不应该被嘲笑。

　　我们总是会陷入忧虑中动弹不得，譬如担心邻居对我们的看法，关心一些我们没有得到的东西，或者我们还没有做的事情："啊，不，已经两周没有洗车了，车早已布满污垢，而邻居昨天才洗过，是不是我们看起来很懒?”如果我们有这样的想法,我们就是自己嘲笑自己。好好生活,享受生活的阳光,而不要因为在超市的地板上摔碎了几个鸡蛋,就认为自己很糟糕。

对自己的生活和处境一笑置之。首先,它可以舒缓紧张的生活情绪并帮助你重新找回生活的平衡。其次,它对你的身体和神经都有好处。笑能够释放你的压力,使你感觉良好,并且对生活更有洞察力。

这并不是说要随时说笑话,或者总是机智地说出一语双关的想法和言语。它更多的是让我们发现在人生之路上生命给予我们的幽默——毕竟每件事情都有它有趣的一面。我经历过一次车祸,当时失去了知觉。住了院,就住在医院的一个小房间里。当我重新恢复意识的那一刻,我感到浑身剧痛,忍着疼痛,我不自觉地说了几句不好听的脏话来抱怨我当时的状态。我正说着,护士来了,拉开了窗帘。我忽然看到了一个修女坐在窗外。① 我这才意识到自己当着修女的面说了很难听的脏话,顿时我感到莫大的羞愧和后悔,立刻向她道歉。她看了看我,眨着眼睛并且冷静地说:“没关系,我曾说过更过分

---

① 她的出现跟我没什么关系,她是在等另一位到医院检查手指插入碎玻璃的修女。

的话。"

　　如果你仔细观察人类任何一方面的行为，你都能发现其滑稽甚至荒谬的一面。学会在每件事中找到有趣的一面吧，这是我们纾解压力、驱散焦虑和怀疑的最佳方法。

要去发现在人生之路上生命给予我们的幽默。

法则 31　种瓜得瓜，种豆得豆

你做的每次行动、每个决定、每件事情，都会马上对你和你周围的人产生影响。这种影响非常重大，它立刻就会产生因缘。自己铺的床自己睡，自己要承担自己行为带来的后果。你的所作所为将大致决定你的生活是幸福还是悲惨，是一帆风顺还是曲折坎坷。如果你很自私而且有很强的控制欲望，那你终究会受到你私欲的惩罚。如果你总是忠实又体贴，那你也会因此得到回报——不是在天堂里（也不是在来生），而就在眼前，就在现在。

相信我，无论你用什么方式做事，你所做的肯定会同样地回报到你身上。这并不是在威胁，只是我的观察。好人有好报，坏人终会自食其果，这就是种瓜得瓜，种豆得豆的道理。

我知道有些人坏透了，却有成功的人生，但他们晚上却无法安睡。他们不会有真正爱他们的人。他们的内心是悲伤的、孤独的、恐惧的。相反，那些能够和别人分享爱与友善的人也能得到同样的回报。

这很像一句古老的格言："人如其食"，行为将决定你的命运。面对那一张张洋溢着笑容的面孔，你将感受到快乐。再看看那些喜欢威吓别人、自私、傲慢无礼或是总喜欢苛求别人、行为不轨的人，你很容易便会发现他们脸上痛苦和恐惧的痕迹，他们本应舒展的眉头总是紧锁。而这些痕迹永远也不会因为涂抹面霜、晒黑皮肤或做整形手术而消失。这些痕迹是他们的行为所留下的，从他们的眼睛里就可以看出，他们的人生也就如此了。

所以，要认真管理好自己的事情，万事总有因果报应。瞬间的因果报应是存在的，你播种了什么，就将收获什么。切记时刻都要做正确的事情，你自己会知道什么是正确的。如此一来，你不仅晚上可以睡着，而且还可以安枕无忧。

切记时刻都要做正确的事情，你自己会知道什么是
正确的。

法则 32　人生有点像广告

　　有人曾经抱怨他花在广告上的花费有一半是白花的，但却不知道是哪一半。① 这种观点明显地指出了：如果不知道钱是如何浪费的，那么你就不可能省去你所抱怨的那些开支。再说了，广告本身就不是讲究付出和回报均衡的事情。生活也像是在做广告。有时候它看起来并不是十分公平。你付出了很多努力，却有可能一无所获。你对别人彬彬有礼，却有可能遭到他人恶语相赠。你苦心经营的成果，却有可能被别人轻松地享用。即便如此，你还是要一如既往地全盘付出，因为你终究不知道哪一点付出会让你劳有所获。我也觉得这很不公平，但生活就是这样。你的努力最终将会获得回报，但我们也许永远无法

　　① 我记得是莱弗汉姆勋爵说的。

知道是哪一部分的努力获得了回报，而哪部分的努力却是白白付出的。

有时候我们觉得自己似乎很幸运，然而，那不过是多年前我们努力的结果，只是自己不记得罢了。其实，我们应该坚持不懈地努力下去。不要为了一两次挫折或失败就从此一蹶不振，因为你并不清楚哪次失败对你来说重要，哪次不重要。这些前进中的荆棘就好像你在找到心仪的王子（公主）之前必将遇到的那些青蛙，也好像你在找到一粒珍珠之前必须撬开的那些牡蛎。

无论你做什么，不要因为看似没有成功的可能而灰心丧志。坚持不懈的努力，才是获得最终回报的前提——况且，你永远都不可能预知哪些努力会带来最好的回报。

你永远都不可能预知哪些努力会带来最好的回报。

许多过着安逸和幸福生活的人告诉我们：有时候你必须做一些不

求回报的事情——除非我们充实自己的生活而不陷入任何的困境。一味地追求成功与回报会在最终结果出现之前给我们良好的状态带来消极的影响。有的时候仅仅是为了享受而去做一件事情也不是没有意义的。我喜欢画小幅的水彩画——那种很小很小的风景画。曾经有段时间，有人建议我把这些画送去展览或是卖掉。可是，每每我要这样做的时候，总是感到万般痛苦，因此我放弃了。当一切平静下来，我回头反思，绘画是我的爱好，我不会也不应该试图将我的作品卖掉或送去展览。画画是我生命中最有意义且毫无索取的付出，而且给我带来极大的快乐，所以，我不会把他们展览或卖掉。

法则 33 走出安逸

你要准备好每天都要更振作一点。为什么呢？因为如果没有了热情，你就会停滞不前、发霉，或在精神上枯萎或垮掉。我们每个人都有自己舒适的小窝，在这里我们享受着安逸、温暖和幸福。但我们偶尔也需要走出这片小天地，经受外界更多的挑战和考验，这正是我们拥抱年轻、享受生活，对自己感觉良好的方法。

如果我们不走出自己的舒适圈，机会要么和我们无缘，要么就被一些不知所谓的事情所冲散了。命运，或者一切诸如命运般积极的事物，都不愿看到我们过于自满，于是随时提点着我们，让我们保持清醒的头脑。如果你已经习惯随时保持着一种紧张感和危机意识，那么命运的打击将不会对你产生太大的影响——因为我们已经准备好了——这种状况会更容易应对。

不仅如此，走出安逸还会让你感觉更好，更能给你额外的信心。不过，最值得一提的是你可以很容易地做到这一点。不必赴汤蹈火，不用找陌生人谈情说爱，你需要做的仅仅只是主动去尝试一些以前未曾做过的，让你精神有点紧张的事情。这可以是一项新的运动，或是一个新的爱好。也可能是全身心地融入一些事情之类的。或者你需要尝试着自己独立完成一件需要别人的帮助才能够完成的事情。再或者是你在通常会保持沉默的场合发表自己的意见。

我们对自己强加了很多规定，用条条框框来限制自己的进步。我们总是觉得自己不能怎么怎么做，否则就会感到不高兴。接受走出安逸的挑战会让我们走出自我，使自己不断地学习和成长。如果你总是能获得新的经验，就不会停滞不前和固步自封。

走出安逸会让你感觉更好。

法则 34　学会问问题

　　提出问题，你可能不喜欢问题的答案，但至少你知道它们。世界
上很多问题都止于猜想，而不能被解决。如果我们一直徘徊在猜想的
边缘，那么我们就很可能会陷入一个误区：我们认为自己知道了问题
的正确答案，但实际上我们却并不清楚，只是猜测而已。我们总会想
当然地以为我们得到的信息都是事实，然而这些被猜测为事实的信息
却往往又都是错误的，所以事情会因此而越变越糟。我们以为别人会
喜欢我们提出的计划，但其实他们并不认同，事情变得更加糟糕。所
以为了弄清事实，我们最好一开始就问对问题，并了解情况。
　　问题可以让情况更明朗。问题能让人集中注意力，这意味着我们
不得不去思考——毕竟思考对于每一个人来说总归是一件好事。问题
能帮助人们理清思路，有问题就要有答案，而答案需要全盘的思考，

才能得到逻辑性的结论。

提出问题能帮助人们理清自己的思路。

有一个很有智慧的密友曾经对我说过："当你越理解别人的信念、行为、期望和需求，就更有可能对别人的行为作出正确的回应，更能在必要的时候及时修正自己的思路，这是成功的必然要素。"

提出问题也让我们有时间思考，让我们有喘息的空间，而不是让情况失控。但这并不意味着放任思维，因为你要找到自己想知道的真相，就必须了解事情的状况并在迷惑的时候及时提出问题。这样，你就更能合乎逻辑、冷静并正确地对情势作出回应。

你可以很容易地分辨出哪些是真正的法则遵守者，他们总能够在别人反对、惊慌失措、曲解、猜测、失去控制或行为出错的时候还能够清醒地提出问题。

要不断地问自己问题。问自己：为什么自己是对的，或为什么有时自己是错的。问自己为什么要做现在在做的事情，为什么要计划将来要做的事情，为什么总在从事某项事业。因为可能没有其他人在做你做的事情，所以你只有反复问自己才能解决你面临的问题。我们都需要对自己发问，这可以避免让我们以为自己做的都是对的或最好的。

　　当然，也有不应该问问题的时候。有时候我们也要对别人或自己适可而止，因为一味地追问有时会让我们寸步难行。但关键的还是你应该知道什么时候应该停止，因为有些是不需要问的，而是需要去感知的。所有这些都需要很长的一段时间去学习，更何况我们在成长的过程中总是难以避免地要犯错误。说了那么多了，现在，你有任何问题吗？

法则 35　保持高贵

我花了许多年时间关注成功人士，我所指的成功并不是拥有堆积如山的金钱或者有大好前途的人。事实上，我遇到过许多成功人士，其中最成功的一位，他就过着非常简朴、简单和隐居式的生活，他已经改变了常规的质朴生活，过得十分快乐、顺心和满足。他就是那种即使你故意抹杀也无法去除他内心快乐的人。

几乎所有的成功人士都有一种高贵的气质。这是什么意思呢？成功人士对自己信心十足，他们很了解自己的身份，明确自己生活的目标。他们不会炫耀、吹嘘自己的财产和身份。他们不需要别人把注意力都集中到他们身上，因为除了忙于自己的生活外，他们不会去关注别人的想法。他们总保持着端庄的举止（用传统词语），并不是因为他们害怕自己看起来像个傻瓜或出丑丢脸，而是不想在众人眼里故作姿态。

　　这很重要，如果你想成为一个成功的法则遵守者，那就要表现出泰然自若、严肃及与人群保持一点距离，并且还要举止合宜，待人接物有礼，替他人着想，有让别人想去尊重你的魅力。你没必要对人冷淡、沉默、严肃，表现出很成熟的样子。你仍可以快快乐乐的——只是不要让别人觉得你看起来很傻。你仍可以无拘无束——只是不要过分使自己完全失控。你仍然能放松自己——只是不要失控。

　　高贵就是拥有自尊并流露出不张扬的自豪感。当你开始让自己有这种姿态时，你会惊人地发现自己很快赢得了别人的尊重，并提升了自己在他人眼中的地位。

**　　高贵就是拥有自尊并流露出不张扬的自豪感。**

法则 36 有强烈的情感很正常

如果我们总是保持高贵并且心平气和，别人会认为我们是超然的，不会有很强烈或过激的情感。然而高贵和强烈的感情是可以并存的，有强烈的感情没有什么不好。当某人真的令你不快时，发发脾气是没有什么不可以的。当你失去一个你所爱的人时，感到无比的悲痛和伤心也是正常的。感到无比的欢快是可以的，感到恐惧、焦虑、宽慰、兴奋、担心以及其他的情绪也都是可以的，人生就是悲喜交加的产物。

我们都是平凡人，都有感情和情绪，这是与生俱来的。对重大事情感觉强烈是很自然的，让这种情绪表现出来并没有关系。我们不必为自己的感情感到羞愧，哭出来也是没有问题的。搁置情绪不是一件好事，迟早会压垮我们。最好的方法就是释放情绪，解决它们，之后回到生活常轨。

搁置情绪不是一件好事，迟早会压垮我们。

　　如果我们经历感情创伤、心烦意乱、艰难时候，一定会不由自主地想方设法控制这些感情，否则将被人们认为是脆弱或不能自控的。我知道这些感情看起来好像是和我们要去追求的高贵和自尊相抵触，但是强烈的感情是正常的，除非我们表达这种感情的方式不适当或者在一个错误的时间宣泄。

　　有时候，生气也是合宜的——只要我们控制得宜，不做我们之后可能后悔的事情。发脾气提醒人们我们不是好惹的，他们已经深深并且严重地伤害、触怒或威胁到我们，他们的行为已经给我们带来了很大的痛苦，在这时候发脾气是应该的。当然，我们不应该在愚蠢的事情上生气，我们应该只在必要时发脾气，并且是非常必要时才暴露出我们气愤的情绪。另外，把气愤发泄在无辜的人身上是不对的。如果你不能合适地宣泄生气的情绪，那么你需要找到一个不伤害别人的方式来发泄你的情绪，必须让愤怒找到宣泄的出口。抑制愤怒会让愤怒把你吞噬。

　　不该放在心里的不只是愤怒，恐惧、焦虑、大喜或者其他的情绪都不应该被抑制。因为我们有强烈的感情并不意味着我们失控了。我们可以相当情绪化，但依然可以好好控制我们的表达方式。如果你没有情绪，没有强烈的感情，那么你就不是凡人。这是很正常的事情，你甚至不应该试图去压制它。当然你要确定情绪是在合适的时间和地点发泄出来，是在你的控制之内。如果你做了不适当的回应，并在事后感到后悔，这也没关系。

法则 37　坚守信念

"……我们必须坚守信念！我们将迈着坚定的步伐走下去。纵使黑暗，也有玫瑰为它妆点！"

这是英国诗人鲁珀特·布鲁克所写的《山丘》这首诗中的诗句。这首诗在我看来讲的是友谊，当然它也可能在说其他东西，具体指什么就因人而异了。但是对我来说，这首诗讲述的是两个相爱的人，两个朋友之间的情谊。它传递了一种坚守信念，坚守承诺，彼此支撑、信赖的情怀。当然这首诗有可能讲的是宗教上对信仰的坚持，但以我对布鲁克诗歌的了解，我并不这么认为。

坚守信念就是坚守自己的承诺，头戴玫瑰花环并自豪、坚定地走向黑暗迎接挑战，确信自己做了正确的事情，在困难的时候总能得到朋友的支持和帮助。这些虽然可能是传统老式的价值观——名誉、忠诚、信任、自尊、支持、忠贞、可靠、信赖、力量、洞悉世事、坚定不移——但它们还是值得去学习的。我们生活在一个用过即丢弃的社会，坚守你的承诺，说话算话，做个可以信赖并且可以依靠的人，这些都是难能可贵的，会让你脱颖而出，因为你是一个具有高品行和高素养的人。

有时，我们避免表现得过于与众不同而被人误解是伪善的，但这和坚守信念是两码事。坚守信念是我们所要做的事情，而当你试图去改变其他人的时候，你就成为了一个假装正经的人。坚守自己的价值观并且不要试图去强加给别人（参见法则1）是正确的做法。试图让其他人和你做相同的事情是很愚蠢的，那会使你成为一个真正假正经的人。那么，我所写的这本书可能会改变你，是不是我就成了假正经的人了呢？不是的，这本书只是给你提供了信息，并没有试图去改变你。你是否改变完全取决于你是否采纳和运用我提供的信息。但是我能保证的是我将坚守我的信念，20年后，我还会给你同样的答案。老派的价值观永远不会退出流行（也许它从来没有流行过），而我将不会让你失望。

**坚守信念是我们所要做的事情，而当你试图去改变
他人的时候，你就成为了一个假装正经的人。**

这里还有来自那首诗的另外一句话："……我们自豪、大笑，因
为我们有勇气坚守事实。"

法则 38　你不可能什么都懂

我们生活在广阔复杂的世界中（甚至是在更大的宇宙中）。一切是那么难以置信且复杂难解，以至于——请相信我说的——我们不可能完全理解或弄懂每一件事情，这包括我们生活中的所有层面和领域。所以，弄懂每件事是不可能的，一旦你掌握了这条法则，晚上就能高枕无忧。

在你周遭好像有些事情发生，永远都有些事情发生，而这些事情总是有点超出你的理解范围。有些人的行为会很奇怪，很难以琢磨。有些事会出人意料地变糟——或者变好——其实这些都没什么大不了的。如果花费你所有的时间不顾一切地试图去澄清这些问题，你会把自己逼疯。最好的方法就是接受我们不可能什么都懂的事实，就这样放下，这很简单。

有些人的行为会很奇怪，让人难以琢磨。有些事会出乎意料地变糟——或者变好。

这条简单的准则也适用在大事上——为什么这事会发生在我们身上，为什么我们在这个地方，之后我们应该怎么办，等等。在这样的事情中，也许很多我们永远都弄不懂，也许有些我们可以试着找到问题的答案，我总觉得有些事情不会依我们所想的方式进行。

我们的生活是一个巨大的拼图玩具，生命中我们能拼出边角的一部分就已经了不起了，但从拼出的边角我们会大胆地去假设："哦，它是一个……"。然而当帷幕被拉开时，我们会发现这个拼图如此巨大，并发现我们正在仔细研究的那一小块图案与大图不符，我们现在看到的是和想象中完全不同的图像。

现在，我们搜集资讯的速度比任何时代或任何电脑速度都快，但并不是所有的信息我们都能理解。我们甚至不能理解信息库内一个很小的分支。我们的生活亦是如此。围绕在我们周围的事物的发展速度是如此之快，我们很难对任何事物都做到知根知底。因为在我们尝试了解事情的同时，整个局面会有所改变，有新的资讯出现，我们的理解也会跟着改变。

　　好奇、爱问或喜欢和别人讨论都可以帮助我们了解更多——但是这些并不总能给你一个清晰和明确的答案。人并非一直都是明智的。生活也并不总是有意义的。就此放下，并藉由了解你不可能什么都懂的事实，以寻求内心的平静，有时候就得这样做。

法则 39　掌握快乐的源泉

　　真正的快乐从何而来？这个秘密自盘古开天以来，人们就不断地在探索，我也无法告诉你答案是什么，但我知道哪里找不到快乐，也隐约知道快乐隐藏在何处。设想这样一个情景：按照你的购买愿望，你买了一辆新车/一套新房/一套新装/一台新电脑。你有足够的钱（事实上我并不知道你会从哪里弄到那么多的钱，这只不过是假设而已），当你拿到你想要的这些东西的时候，你自然会感到兴奋、激动和高兴。无论你买的是哪件物品，现在想象一下那些建造/制造/创造这些商品的那些人。在生产商品时，他们的劳动是否影响你买到东西时的那份兴奋、激动和高兴呢？我认为，快乐存在于你自身。

快乐存在于你自身。

　　想象一下你坠入爱河，感受到难以置信的快乐。你感觉美好、幸福、激动。当你见到你心爱的人时，你所有美好的感觉就会一下子全部迸发出来。你感到很惊奇，为什么会有这么多的感觉？是因为你和你心爱的人在一起，他（她）带给了你这种感觉吗？不是的，那是你给自己带来的感觉。爱人的出现可能激发了你的这种感觉，但即使你爱的人远在地球的另一端，只要你爱他（她），你仍然感到快乐。

　　收到公司的通知，你被开除了，心情糟透了，你垂头丧气地离开，觉得自己一无是处。是不是因为被辞退让你有了这样的感觉？不是的，还是你给自己带来的这种感觉。即使在你被辞退后不久又有了新工作，你内心中还会有"我刚被炒了鱿鱼"的感觉。这就类似当我们遇到我们的意中人时会不由自主地有"我已经疯狂地爱上他（她）了"的感觉。

　　不论是恋爱、购物还是被解雇，只要我们不愿继续怀有某种情绪，没有一种感觉可以占据在我们心中。人们会痴迷于喜爱的商品或所爱的人等等，但殊不知，不论是喜爱还是爱，这些感情在见到商品和所爱的人之前都是存在于人们心中的。因为他们以为这是唯一可以维持幸福的方法，所以必须保持对某物的"瘾头"。其实秘诀是，不依赖其他人、事或物来让你快乐。我无法告诉你方法是什么，你必须自己寻找。我给你的提示是：往一个你从未想要探寻的地方去寻找，是的，就是你的内心深处。

法则 40　生活就像比萨

我爱我的孩子，我喜欢给他们讲故事，和他们一起玩，看着他们成长，听他们说话，教他们骑自行车，带他们去海滩，或只是和他们一起闲逛。

我讨厌跟在他们后头捡东西，讨厌听他们吵嘴，也讨厌他们用青春期少年特有的鄙视态度跟我说话。但是，我不可能不替他们捡东西，不可能不管他们吵嘴，也不能每次都无端地打断他们说话。我也离不开他们（大多数时间）。

我也爱比萨，我喜欢脆皮口味的比萨，也喜欢软粘口味的比萨，只要是比萨就行。我喜欢比萨上有意大利辣香肠、意大利干酪、西红柿、多汁的的火腿、辣酸豆和脆洋葱。我不喜欢橄榄，有时点比萨时没要橄榄，结果橄榄还是出现在比萨上，特别丑，还有脱水西红柿，这些都非常不易嚼碎。我一般会将它们挑出来，然后扔掉。

　　我的小孩在特别小的时候，如果比萨上有他们不喜欢吃的东西，他们一口都不会吃的，还会立刻号啕大哭，"我讨厌蘑菇!"或"我不喜欢熟西红柿!"他们需要知道，如果不能忽视这些蘑菇或熟西红柿，他们也别想吃比萨了。

　　你肯定知道我要说什么。是的，生活就像比萨，上面什么都有。如果你想要好一点的，就需要应付那些不好的。如果你对工作的各方面都很满意，就有一位同事你不喜欢，这时你要意识到工作就是一个组合包裹，你要买就要把包裹里的东西全买了。如果你爱你的父母，但不喜欢他们总自己生闷气，那么就接受这样的他们吧，同时要意识到他们除了生闷气其他方面都很好。如果你的邻居很友好，就是在你出去的时候总关注你有多少财产，替你签包裹，当然也会帮你照顾小孩。你只需要记住她太爱讲话了，同时停止抱怨。当你不再抱怨后，你会发现你的不满也少了很多。

　　有些家长不停地给小孩换学校，直到找到一个他们认为各方面都完美的。当然他们不可能达到这个目的，最后他们不得不停止这一行为，因为小孩已经长大了。我不是说你不应该给小孩转学（如果你有选择权），而是应该停止寻找完美的，因为你不可能找到，生活本身就是不完美的。生活中没有任何一件事是完美的。

　　生活中最好的事总是伴随着要咀嚼脱水西红柿和橄榄之类的不满意。没有必要抱怨，只需要把它们挑出来，或以最快的速度咽下去，看看嘴里还剩下什么，仔细品尝。

生活中最好的事总是伴随着要咀嚼脱水西红柿之类的不满意。

法则 41　和高兴见到你的人或物在一起

我们想一下第 55 条法则提到的女人和她的灰狗。当她回到家后，她的狗总是很高兴见到她，每次都是这样。无论主人对它多坏①，它都会兴高采烈地欢迎你。你也希望你的爱人能在你回到家时感到高兴。我也相信他们的确是这么做的，难道不是吗？当然当你的爱人回到家时，你也是这样做的，不是吗？不是？为什么不呢？是的？那么你做得很好。

我们都需要很高兴见到我们的人，这让我们感觉所做的一切都是值得的。我也喜欢这样的感觉。当我出差一两天回来时，我的孩子们

---

①　我是说因为工作忙，带它们遛弯的时候不长，忘了给它们小饼干等诸如此类的事。我不是说真的虐待它们，谁会那样做啊！

都在等着我，正如所有的孩子一样，他们会伸出双手，露出可爱的小脸说："你给我带什么好东西了吗？"

我们都需要很高兴见到我们的人，这让我们感觉所做的一切都是值得的。

或者当他们从学校回家的时候，你问他们这一天是否愉快时，他们会跟你发很多牢骚，这时你会感觉像充电了一样，特别振奋。你仍然非常高兴见到他们——因为对他们而言，你是他们很重要的人。

电视亮着红灯的待机按钮无法满足你这个需求，你需要的是人或一只宠物。我的一个儿子说他的壁虎总是很高兴见到他，但是当我努力去观察壁虎的表情时，它并没有对我表现出热情——毕竟壁虎的表情不是我儿子的表情。

和很高兴见到你的人或物在一起是非常重要的，这会让你感觉到他很需要你，能给你带来生活的目标，让你不会变得自私，让你有理由继续生活下去。但如果你独自一人生活，没有小孩也没有宠物怎么办呢？当志愿者或做慈善工作能帮你达到这个目的，那里也会有人见到你总是很高兴。当然，主动上门找别人也可以。

即使在伦敦的一个邻里之间互不往来的地方孤独地生活着，我的一位朋友发现她家附近住着一位残疾的退休老人，总会在她下班回家的路上找个理由在她家附近等着我的朋友回来。他显然有点孤独，因此非常珍惜每次短暂的闲聊（如果可能最好是长谈）。他很高兴见到我朋友，谁很高兴见到你呢？

法则 42　知道何时该放弃——何时该走开

有时候你只能走开，我们都不喜欢失败、放弃或让步。我们热爱生活中的挑战并且希望无论在任何情况下都能够克服困难，继续我们的生活直到最后的胜利。但生活有时总会事与愿违，我们必须学会辨认这些时刻，学会如何潇洒地耸耸肩，带着我们未受损的自尊及高贵的尊严大步走开。

有时当你真正地想要去做某事时，却发现这是不切实际的。与其把自己搞得筋疲力尽，不如培养自己适时放手的能力，这时你会发现肩膀上的压力减轻许多。

正如当一种关系走到了尽头时，与其死缠烂打，致使双方都筋疲力尽——两败俱伤——要学会立即结束一切，学会放弃的艺术。如果一切应该结束，就让它像风一样飘散。尽管这条法则不应该放在个人关系的法则中——但是出现在这里就是为了让你更好地保护自己，使自己成熟。这只和你有关，而不与其他人有关。如果一种关系即将结束，不要试图去挽回，学会放手，让一切结束吧。情已逝，难再追。

你可能想以牙还牙——不要发怒，要学着放弃。因为放弃使你不再为你烦恼的事情而担忧，因此放弃的确要比报复要好得多。除了完全将某事抛在脑后以外，没有其他更好的报复方式了。

因此，放弃意味着你正在锻炼你的控制力和良好的决策能力——你应该是自己做决定，而不是让情势操纵你。

如果一种关系即将结束，不要试图去挽回，学会放手，让一切结束吧。

我不想无礼，但你的问题——也是我的问题——对于整个宇宙的历史来说，根本微不足道了。现在就抽身走开，十年后你再回头看看，我敢说你根本就不记得这些事情了。这并不是说"时间是最好的疗伤药"，但在你和你的烦恼之间留些时间和空间，确实可以让你有更宽阔的视野、更佳的洞察力。想要达到这样的效果，你只需抽身走开，留有一定的空间、时间将冲淡一切。

法则 43　报复只会让矛盾升级

诚实地说，在我的朋友圈当中，我不是那种特别包容或能息事宁人的人。坦白地说，如果有人不搭理我或骚扰我，我的第一反应就是以其人之道还治其人之身。当我年轻的时候，这类事导致我第一次和别人发生冲突。当我学会不去挑事的时候——也不卷入别人的事端时——我仍然会控制不住地要回嘴或报复一下。

这很难，当你的邻居整理他家花园却砍倒了你家的树时，你会非常生气，也想将他家的树越过你家栅栏的部分修剪掉。即使你本来并不喜欢那棵被砍倒的树，但也不会愿意让邻居随便砍。如果有同事拿着你的创意向领导邀功，你会不会想报复回来，也许你会在他们的报告要提交给领导的截止日期到来时，你不去提醒他们，或提醒大家关注上个月他们组织的失败的展览。

　　然而，仔细想一想，过了很多年我才想通这个问题，你也会想明白的。那些准备砍倒你的树的邻居和想要拿你创意邀功的同事，根本不会忍受你的小小报复。他们可能还会推平你的车库或让你被辞退。这时你又该怎么做呢？烧他们的车？雇用一位职业律师？这会不会让这件事失控？

　　这条法则是从我孩子身上学到的。① 当他们兄妹之间本是为了吵嘴的事在坦诚地沟通时，你会发现场面迅速失去控制，远比你想象得要快。我们大人会提前几天或几个月密谋、策划或计划我们的报复手段，但小孩子会因为非常小的分歧迅速爆发争吵。

　　你看，报复只会让矛盾升级，世界历史上所有的战争都是这么来的。我们也会这样对待邻居、同事和其他对我们不友好的人，无论我们喜不喜欢他们。

　　我们如何结束这个疯狂的过程呢？要想结束这一恶性循环，冲突中的一方必须足够成熟地隐忍不言，或后退一步。一个人只有足够成熟才能隐忍不言，保持缄默，站在道德的制高点上，像个男人一样用

———————————

　　① 从那时起，我就试着教他们这条法则。

博大的胸怀包容这些①，不再实施激化矛盾的行为，让整件事就这么过去。即使你很巧妙地反驳，或卷起袖子熟练地回击了他。什么也不说，什么也不做是最好的。如果我能这样，你也能。

那些准备砍倒你的树的邻居和想要拿你创意邀功的同事，根本不会忍受你的小小报复。

———————————

①　当然，像女人一样胸怀博大也行。

法则 44　好好照顾自己

　　你是老板、船长和动力。如果你病了，谁将驾驶这艘船？
没有任何人。这个例子可以使你更好地理解我所说的照顾好你
自己。我并不想唠唠叨叨地告诉你睡得早点，多吃绿色食物，
多做运动——所有的这些都过于伪善，因为连我都做不到上述
任何的事情。然而这并不是说你不该做这些事，这些都是良好
的习惯。

　　定期检查身体是个好主意，定期的身体检查可以发现尚未恶化的
病症，我每年都体检。我也想建议你食用一些能产生神奇效果的食
物，它们能给你充足的力量，加速你的新陈代谢，并且能使你的身体
感觉无比奇妙。其他的一些食物可能会堆积脂肪，使你变得行动迟
缓。也可能因为存积一些你身体不需要的东西而导致你身体长期的损

伤。面对让你这台机器运转顺利的高能量食物和运转缓慢的垃圾食品，你有绝对的决定权。

睡眠也是一样，缺乏睡眠使你精神不济，睡太多又会昏昏沉沉，适当的睡眠才能让你神清气爽。该起床时马上起床会让你感觉舒服——清新。相反，再接着睡可能使你感到神志不清。这没有什么好处。当然所有的决定都全部取决于你自己。没有任何人会追在你后面去检查一下你是否洗脸了，你的鞋是否擦干净了并是否得到很好的保养了。你是一个成年人了，可以独立自主，这也意味着你要对自己负起责任。

你是一个成年人了，可以独立自主。

法则遵守者有良好的饮食和睡眠习惯，有足够的休息并且经常锻炼身体（但这不包括毫无意义的计算机游戏）。同时他们也会远离那些潜在的有害事物。他们知道怎样远离危险和规避威胁，并妥善照顾自己。

照顾自己就是这样，不要指望别人来督促你按时吃饭并吃好饭，也不要指望别人来督促你保持整洁并随时准备出发，更不要指望别人来督促你保持舒适健康和经常去散散步。作为一个成年人感觉真好。如果你愿意的话，也可以选择好好照顾自己。

法则 45　谦恭有礼

　　在凯特·福克斯伟大的著作《瞧这些英国佬》①　这本书中，她发现在任何一个小交易中，比如买报纸，都会出现大约三个"请"和两个"谢谢"——这还是最少的。是的，英国人（其他一些国家除外）出奇的有礼貌，但是这又有什么不好呢？我们每天都要和很多人打交道，哪怕是一点点的礼貌也是很好的。法则遵守者做任何事都谦恭有礼，如果你不知道何谓谦恭有礼，那么你就麻烦大了。

　　你可能觉得自己已经很有礼貌了，大部分人都会这么想。但是，你越匆忙，你的压力越大，你就越有可能忽视礼节。如果我们够诚实

---

　　①　福克斯　K. 瞧这些英国佬：英国人行为背后隐藏的规则［M］. 伦敦：霍德和斯托顿出版社，2004.

的话，就会承认在生活感到疲惫时，或者是因我们急着去赶火车而冲动地去推搡前面步履蹒跚的老人时，我们就忘记了礼貌。

无论你多么匆忙，多么着急（如果你遵守法则，这些情形会较少发生），你都应该努力展现这些礼貌：

- 排队而不要推搡
- 当你想要表扬或者人们值得表扬时，学会表扬（不要在一些不合理的情况下或者是对不值得表扬的人滥用表扬）
- 不要在不适当的场合抠鼻子
- 信守承诺
- 保守秘密
- 保持基本的餐桌礼仪（是的，你应该知道：不要用胳膊撑在桌子上，不要边吃饭边说话，不要满嘴塞满食物，小心使用你的刀叉）
- 不要对挡路的人大吼大叫
- 学会道歉
- 客气待人
- 不要轻易发誓，或者亵渎神明
- 替你后面的人开门

- 当很拥挤时，往后站
- 回答别人的问题
- 说类似"早上好"的问候
- 感谢曾经照顾过你，或者为你付出人
- 对客人招待周到
- 学会观察其他人的礼节
- 不要拿走最后一块蛋糕
- 表现得有礼且令人感到愉快
- 主动为来访者提供一些小点心，并在他们离开时走到门前跟他们说再见

无论每天你与多少人打交道，都不能失礼。它们不会耗费你任何东西，却能够带来很多善意，并能让每个人的生活更加愉悦。

法则 46　清理杂物

为什么？因为杂物会塞满你的家，使你的生活混乱不堪，使你的思维缺乏条理。一个杂乱的房间是你思路混乱的表现。法则遵守者总是能保持清晰的思路，并且在生活中也从来不积聚垃圾。当然我们都会这么做。我建议你，偶尔把一些垃圾清理掉会是个好主意，否则这些垃圾会在精神层面淹没你，并像蜘蛛网一样越来越密，让你喘不过气来。

清理杂物，可以让你扔掉所有没用的、破损的、过时的、土里土气的、脏兮兮的、多余的和丑陋的东西。毕竟，这也正如威廉姆·莫里斯所说，不要在家里放置任何不好看、没用的东西。干净的环境可以让你焕然一新、充满活力，可以使你清醒地知道你现在都在收藏什么东西——任何能使我们保持头脑清醒的东西在这本书中都是好的东西。

　　此外，我还注意到那些成功人士和那些虽勤奋工作但却没有改变
自己生活现状的人们的区别。那些充满活力、处事有方的人也通常在
整理自己的东西、清除杂物和去伪存真等方面都有惊人的能力。而那
些没有成功的人却往往在前进的路上舍不得放弃一些从慈善店买来的
装满了无用杂物的包袱，尽管他们从未使用过那些杂物也决不丢
弃——或者只是在购买时打开过一次。这些杂物充斥了橱柜和抽屉，
衣柜里则满满的都是无法穿进去或过时已久，可以当古董收集却无法
穿上的衣服。

　　整理你的东西会给你带来一种如释重负的感觉。你家里将有更多
的空间，你将有更强的驾驭感，并且你将摆脱那种由于到处积聚的杂
物而产生的轻微的压抑感。这并不是说你非得要住在一个一尘不染、
满是设计师设计的家具和抽象风格的房子里。我的建议是，如果你想
要找出什么东西束缚了你，试着看看洗碗槽下的橱柜、床铺底下或空
房子的衣柜上面。

杂物会在精神层面淹没你，并像蜘蛛网一样越来越密，让你喘不过气来。

法则 47　记得回到基地

　　想要回到你的基地，首先你必须知道你的基地在哪里。基地就是家，是你所属的地方，是你可以觉得舒适、安全、被爱、能恢复活力并且被信赖的地方。在你的基地里，你会感觉自己很强壮，能够掌控这个地方。基地是你可以摆脱生理或心理上的压力，知道会得到妥善照顾，可以安心休息的地方。

　　我们都过着越来越忙，近乎疯狂的生活。我们都被生活追着跑，以至于几乎忘了该何去何从，也忘了我们的目标。基地就是你梦想着要回去的地方，你的一切规划都围绕着它。基地是你未迷失前的心灵居所。

基地是你未迷失前的心灵居所。

在基地安营扎寨可以帮你找到你的根——在这个经常迷失的年代尤其重要。你必须知道你的家人是谁，你从何而来，你真正的背景是什么。有雄心壮志，离开家乡去奋斗没有关系，但知道我们是谁，还有我们从何而来很重要。有时候，从那些后来变得非常有钱或有名的人身上，你可以意识到这一点。他们常常会否认自己的过去，并伪装成另一个人，在这一过程中他们生活在虚假和阴影中。

对你来说，基地可以是你成长的地方，使你想起成长的感受——希望和恐惧，以及那个更年轻的你。或者也可以是某人提供了基地——一位相知多年的好友，他可以提醒你迷失之前的你是什么样的。

当然，我们也可能不知道我们来自何处，但我们必须接受这个事实。你可能是被收养的，在某个地方被养大。不管你的生活环境如何，如果你去寻找，一定有些事情可以让你依靠，并不一定是你出生或成长的地方。如果你正在为生活挣扎，那就为你自己创造一个基地吧，任何让你觉得安全的地方都可以。

　　我们都需要某些人或某个地方，让我们可以做自己，不需要解释、辩解、提供身家背景或给别人留个好印象。这就是回到基地的好处——你可以完全被接受，围绕着你的每件事都在提醒你什么才是真正重要的。回到基地会让我们怀疑，为什么我们会离开那么久。

法则 48　知道自己的底线

　　个人原则界限是你自己划定的一条虚线，没有任何人可以在身体上或精神上逾越它——除非你主动邀请。你与生俱来就有权利被尊重，拥有自己的隐私，保持庄重和友善，受人爱戴，这仅仅是其中的一些权利。如果有人越界，或玷污了你的界限，你有权利站出来捍卫自己的利益，并且说："你不能这么做，我绝不会容忍。"

　　但是要做到这点，首先你要划定你自己的原则界限。你必须知道你为什么挺身而出，而什么又是无关紧要的。在你期望别人也尊重并坚持那些原则之前，你必须在自己的心中划定好那些原则。

　　你将自己的原则界限守护得越好，别人就越没法冒犯它。你越清晰地设置你的个人原则界限，你就会越多地意识到别人的事情就是别人的，与你没有关系——你就不会再把每件事情都跟自己扯上关系。

你有权保持自尊。只有先尊重自己，才能期待别人尊重你。你只有在清楚地知道自己是谁，自己在做什么后才能做到自尊。划定好个人的原则界限就在这个过程中。你必须认识到划定这条界限的重要性。一旦设定了界限，你必须以坚定的态度去捍卫它。

划定好个人的原则界限意味着你不需要再害怕任何人。因为你现在很清晰地知道你能容忍什么，不能容忍什么。一旦有人用模棱两可的行为侵犯了这个界限，你就会很轻易地说："不，我不想被这样地对待"或"我不想听你用这种语气跟我说话"。

也许最好的方式就是从你自己的家人先开始。经过很多年，我们都形成了自己为人处世的方式。举个例子来说，假设你每次都很高兴地去拜访你的父母，但总是败兴而归，因为他们总是小看你或让你感到不自在。这时你可以改变这种状况，并对自己说："我再也不能忍受这种事情了。"然后就不要再委屈自己了。大胆去说出你的想法，去说你不喜欢被批评、被责骂或被小看，你现在已经是成年人了，你有权利得到尊重和鼓励。

划定好个人原则界限意味着你不需要再害怕别人了。

划定好个人的原则界限能够将那些粗鲁、没礼貌、有攻击性、想占我们便宜和不明智地利用我们的人拒之门外。成功的人们知道他们自身的价值，因此不会受伤。成功的人们也清楚地知道是谁在勒索自己，是谁在跟他们玩游戏，是谁野心勃勃，是谁贪婪无比，是谁总是非难别人，是谁贬低你而抬高自己。一旦你划定了个人原则的界限，分辨这些就会变得更容易，你会变得更加坚决、更果敢、更强壮，也更自信。

法则 49 购买品质，而非价格

我得承认这是我妻子告诉我的，因此我永远对她感恩不尽。对我而言，过去我认为购买便宜的商品是很自然的事情。也许这是人的通常做法。我过去常会列出购物清单，然后去购买最便宜的商品，并为能省钱而感到高兴。然而没过多久我便总会对我所购买的商品表现出不满。要么是东西坏了，要么是东西不能够正常使用，或者是没多久就看起来像是赝品。我生活得一团糟——购买便宜货就是那样的结果。我需要学的是，以品质为购物标准。

基本上来讲它包括：

• 只接受最好的产品——次好的永远不是你该买的

• 如果你负担不起最好的，就不要去买，或者等到你有钱时再去买它

- 如果你必须要买，那就买你能负担得起的产品中最好的

就是这样，很简单吧？但事实上对我而言，并不那么简单。我花了很长时间去深刻领会它。不是我不愿意或不想去购买高质量的产品，而是我总是易于冲动。如果我觉得我需要什么东西的话，我就想立即得到它们。并且如果我没有钱买最好的话，我就会买最便宜的东西。事实上，用最地道的英国方式来说，我们所讨论的这些就是关于"购买便宜货"的内容。既然我们都不喜欢谈论金钱，也不喜欢夸耀物品的价值，因为这样显得太俗不可耐，你还不如一开始就买寒酸一点的，我并不这么想。

如果你负担不起最好的，就不要去买。

依照品质购买，并不是炫耀、散发优越感，或在伪装上流人士，或在入不敷出地生活——如果你负担不起，就不要去购买。追求品质意味着你能够分辨出更加美好的事物，能够感觉到产品的做工精良，因为它们：

- 使用寿命长

- 坚固耐用
- 不易破损

而这也意味着它们不需要频繁地更换，实际上也意味着在给你省钱。它们也会让你看起来更体面，心情更好。

现在我理解了这条准则，我很享受购物前的期待。我会确保自己关心的是质量，而不仅仅是价格。虽然我仍然会去购买便宜货——但现在我会挑选高品质的产品，并且会是物美价廉的产品。

法则 50　担忧是正常的，但要知道如何不必担忧

　　未来是不确定、令人恐惧且隐晦不明的。因为我们都是人，所以我们都会时不时地感到担忧。我们会担忧我们的健康，我们的父母，我们的孩子，我们的朋友，我们的人际关系，我们的工作，我们的钱。我们也会担忧自己变老，变胖，变穷，变得易于疲惫，变得没有吸引力，变得身材臃肿，变得反应迟钝等等。我们既会为重要的事情感到担忧，也会为不重要的事情感到担忧，有时候我们甚至会因为没什么可担心而感到担忧。

　　如果真的有事情让我们担心的话，那担心很正常。而如果没有什么可以担忧的事情的话，那么你的担忧就只会让你平添皱纹——那只能让你看起来更加衰老。

　　首先，你必须知道对你担心的事情是否能使得上力，还是无能为

力。通常情况下总会有一些合理的方法使你消除忧虑。但是我担心人们不会采取那些方法，即他们宁愿一直担心，而非要从担心中解脱。

……你的担忧就只会让你平添皱纹——那只能让你看起来更加衰老。

如果你总感到担忧的话，你可以：

- 听取实际可行的建议
- 获取最新的消息
- 做些有建设性的事情

如果你在担忧你的健康，那么就去看医生吧。如果你在担忧你的开支，那么你可以设置一个预算并理性地消费。如果你在担忧你的体重，那么就去健身房运动吧——少吃，多运动。如果你在担忧你丢失的小猫，那么就给兽医、警察、地方动物营救所打电话吧。如果你害怕年华老去，我只能说那是毫无意义的，不论你担心与否它都会发生。

　　如果你对自己忧虑的事情无能为力（或者你老是担心，甚至担心得快要神经质了），那么这时候分散精力可能是很好的解决方法。集中注意力去做别的事情。一个名字非常响亮的人——米海尔·克西曾米哈里把这称做"漂移"，这就是说如果一个人集中精力去做某事，完全沉浸于其中，他将不会意识到周边的一切事物。那是一个非常愉快的方法，并且可以使你完全消除忧虑。另外，他还说："当我们身边至少有一个愿意倾听我们烦恼的人时，我们的生活将会有极大的改善。"

　　担忧也可能是你不想对问题作出任何改善的征兆。表现出焦虑和不安很容易，但做点什么却很难。适度、有益的担忧是正常的，但是毫无意义的担忧却是不正常的，至少这种没有必要的担忧会浪费生命。

法则 51　保持年轻

　　我在前面说过，如果你担心变老，应该立刻停止担心，因为你没办法改变这个事实，这是不可避免的。那么为什么我们这里还会谈到保持年轻的法则呢？身体上的（和暂时的）衰老是人生必须经历的过程，就算是天天去做美容也是没用的。最好保持年轻，而这里我所指的意思完全是精神层面的。比利·康诺利在他众多的表演中作了一个奇怪的表演，当他弯腰去拾东西时，他的身体发出了一种奇怪的声音，这是老年人弯腰时常发出的一种声音。比利说他不知道自己什么时候变成了这样，但是它的确悄悄地在他身上发生了并成为现在这样。这就是我所说的——那些声音和动作都说明我们老了。当我们出去时，总会裹得严严实实的以防感冒；当我们走进房间时，即使我们会马上出去，我们也会脱掉外套；当别人提供许多选择，你却宁愿只喝习惯喝的一杯茶；因为习惯了，所以每个假期都去相同的地方度假，所有的这些做法或想法都是衰老的象征。

昨天我读了一个故事，讲述的是一个小伙子刚接手他父亲在希腊岛上的挑运工作，尽管他的父亲78岁了，这位小伙子却说他仍不及他父亲。这就是我们所说的保持年轻。另外，我认识一位60岁的妇女，她总觉得自己的心理年龄只有21岁。同时，她的外表也表现得如此。这就是我们所说的保持年轻。

保持年轻就是要勇于尝试新的事物，而非喃喃抱怨或讲些人老了以后都会讲的话。保持年轻不主张稳妥保守，而是主张要与时俱进，它也不主张以自己太老为借口而放弃做任何事情，比如骑车。（如果你还很年轻的话，我对你现在读到这条法则感到抱歉，但请相信我，有一天你会需要这条法则）

保持年轻就是要去探索新风味，去没去过的地方，尝试新的风格。敞开心胸，而不是固步自封（呵呵，我最好再读一次这句），或者拒绝越来越多的新鲜事物，以及不要满足于你的现状。保持年轻就是要始终保持一种全新的视角来审视这个世界，充满兴趣，充满活力，并活泼大胆。

保持年轻就是一种心态。

保持年轻就是要去探索新风味，去没去过的地方，尝试新的风格。

法则 52　金钱不是万能的

多年前我曾在某个行业工作，当时只要出现麻烦，我的老板总是会唉声叹气地说："我想我们可以试一下'美国式'的处理方法。"①他所说的美国式方法，主要就是用钱去解决问题。在工作中，这种方法通常是有效的，但是生活中的问题往往需要更多实践性的方法和更多深入的接触。我们有时以为用足够的金钱就能解决问题，而不会寻找真正的方法，花时间和力气，真正地解决问题。

让我们再次聊聊衰老这个问题。你可能会认为只要花钱去做美容整形手术就能青春永驻，但这种做法只能延缓皮肤衰老，而且它还会

<hr />

① 　在这里我绝没有贬损美国人或这种美国式方法的意思。我从没有在工作中抱怨过这种方法，我也不是有意地不礼貌，只是这种方法在个人的生活中的确不是很奏效。

带来更加糟糕的问题。用精神疗法对待衰老问题可能会是更好的办法。如果你关心的人看起来心烦意乱、紧张、反常，那么送礼物或许可以让他们开心，但是更好也更便宜的做法，是和他们一起散步，让他们有机会抒发心中的苦闷。

我们以为花钱就能解决问题，但有时我们需要花时间和心思解决问题。正如我们的祖父母，他们绝不会在一个产品不能正常使用时把它扔掉，而去买新的产品——他们会耐心地坐下，试着找出什么地方出了问题，看是否有办法可以把它们修好。而这种方法对人际关系一样有效。

靠金钱去解决问题，让我们觉得自己很有办法，像个大人一样成熟。但我们需要退一步去看一下是否还有另外一种方法能更好地解决问题。我知道自己和其他人一样在这方面都做得不好。那就是关于我的车的故事。我买了一辆车——价格很贵，性能也不稳定，而且修理成本很高。当它出问题时，我总是毫无例外地支付给汽车修理厂一笔钱让他们过来把车拖走并维修好。而如果我能退一步想到买这个车首先就是不合适的，甚至是一个错误的话，那么我的生活将是多么的轻松啊！现在继续花钱并不能解决问题，而只能够延缓问题，推迟到这个问题再次发生。相信我，事情总是如此。美国式的处理方法，大部分时候不会管用。

继续花钱并不能解决问题，只能够延缓问题。

法则 53　独立思考

你一定觉得这条法则平凡无奇，并且想不通这条法则的用意。如果它看上去很轻巧、简单，或是在无理取闹的话，我向你道歉。我并非在冒犯或侮辱你，但我会很高兴你能够考虑一下你自己。我想这条法则放在这里是说我们需要有明确的个人观点，坚定的自我认同感，并且对自己充满信心，这样我们就不会轻易地受他人想法的左右。真正实施起来这条法则可能会比第一眼看上去更难。我们内心都很脆弱，我们都会恐惧和忧虑。我们都想得到别人的爱和认同。我们都想融入一个群体，做群体的一分子，被认同且有归属感。而这就会诱惑你去说："我会做任何你要我做的事。"

有创造性、富有创造力或与众不同，会让我们认为自己太过引人注目，别人将会回避。但是真正成功的人士是不会被孤立的，而只会因为他们的创造性和与众不同成为领导者。如果你是一个很可恶、粗鲁或刻薄的人，你就会被孤立起来。但是如果你很友好、体贴、乐于助人和尊敬他人，你将会被人爱戴和接受。如果你思想有原创性，你则会被人们追逐、尊重且欣赏。

我们都想融入一个群体，做群体的一分子，被认同且有归属感。

要能独立思考，你必须非常了解自己，很清楚你的想法，同时也知道自己在做什么——如果一切都是模糊混乱的，思考就没有意义了。

我有一位聪明又敏锐的朋友，但她的所有看法都来自某份全国性的报纸。她所说的一切都与报纸上相关事件的评述一样。她完全相信报纸上的一切，而没有一点自己的预见性观点——她所讲的一切总是基于她所读到的内容。她会滔滔不绝地、有理有据地与你辩驳，但那总是与报纸上的观点一模一样。我们有时候也会如此，但我们需要适时改变获得资讯的来源，确保有新的观点且有原创性。

　　当然，独立思考意味着你必须：①必须有东西可供思考；②真正去思考。看一下你所认识的很多人。如果他们生活很幸福，那么我敢打赌说他们都做到了上述两条。但若他们看似很不适应，我猜他们就是没有做到上述两点。

法则 54　你无法对所有事情负责

如果这条法则令你感到震惊，那么我很抱歉，但是我还要说无论你多么想成为负责人，无论你把自己看得多么重要，不论你是否应该负责，你就是无法对所有事情负责。如果你不是负责人，那并不意味着其他人和你一样也不是负责人。事实上，我们可能都处在同一列失控的火车上，而这个火车是没有司机的，或者可能确实有个司机（但是这个司机可能很疯狂，或者喝醉了，或者边睡边开，而那完全是另外一回事）。

一旦你认同自己不能为所有事情负责，就可以把许多事情放下。你也因此会感到很轻松随意，而不是满腹抱怨，"它为什么不是这样呢？"你应该接受既定的事实，并且不要去管它。你应该把双手插在兜里面吹着口哨悠闲地走开，而不是用头去撞墙壁以发泄自己的情绪——毕竟你不是负责人，因此无须负责。

　　一旦你满脑子都充满了你是来此享受的，而不是来处理事情的这种想法，那么你就可以经常随心所欲地享受更多的阳光和生活。

　　事情总会发生，不管是好是坏。在旅途中，也许有司机，也许没有司机。如果有司机的话，你可以随意指责司机。但你也应该接受这样的观点，即如果没有司机，整个旅程可能有时会令人感到害怕，有时会令人感到兴奋，有时会令人感到乏味，有时也会令人感到很美妙（事实上无论有无司机，整个旅途都会是一样的）。生活中，我们都会遇到好事和坏事，这是个不争的事实。如果是你或者是我负责任，我们都很可能会通过更多地干预去避免坏事。但如果没有这些坏事，人类将会由于停滞不前、缺乏挑战、缺乏动力和缺乏激情而快速走向灭亡。毕竟坏事能激起我们的热情，能促进我们学习，并且能告诉我们生活的真正意义。人生如果都是一片美好，生活就会变得极度空洞并且无聊。

　　尽管如此，该法则还有一点需要注意。尽管这场表演你可能不是主导者，但并不能完全免责。你仍然对其负有义务——你仍然需要去尊重你生活的世界和你朝夕相处的人们——但你无须对整场表演，还有其中的一切扛下所有责任。

当你能够逃脱责任的窠臼，就能用看电影的心情看待人生，你可以为刺激的情节欢呼，可以为悲伤的情节流泪，也可以藏匿起来不去看恐怖情节。但是请记住你并不是导演，也不是电影放映员，甚至连引座员都不是。① 你是一名观众，仅仅欣赏表演就行。

一旦你认同自己不能为所有事情负责，就可以把许多事情放下。

---

① 　这个工作，可能会有一个十分现代的、政治上正确的词语。请不要联系我。

法则 55　做一些能够令你释然的事情

　　我有一个朋友，依赖她领养的几只灰狗来释放生活上的不快乐。哦，这并不是说站在它们旁边训斥它们的意思，尽管我确信她有时是这样做的。但这里我的意思是无论她感到多么悲伤，无论她工作多么辛苦，无论她生活有多少烦恼，无论她感到多么厌倦甚至气愤，或者当天是多么的倒霉，每当她回到家看到欢迎她的小狗们的时候，她就会觉得付出的一切都是值得的。她所有的郁闷都会一扫而光，她会立即变得容光焕发、心平气和、幸福快乐。听起来似乎有点令人感伤（只是开个玩笑），但事实就是这样。

　　对我来说，最好的药方就是我的孩子与家。尽管有时我的孩子们让我感觉很生气，但我仍然会为他们观察世界的角度和他们的成长感到惊喜。至于我的家，只要一想到回家，我就能提振精神，充满活力。

　　每个人都有不同的方法让自己重拾力量。同时，我发现这个法则的奇妙之处在于那些能够给你带来释然感觉的东西并不总是那些需要花费很多钱的东西。令我们感到精神振奋的东西通常都是某种奇妙无比的东西——它可能是一种特别的观点或一个特别的人，一只宠物或一个孩子，我们所喜欢看的并能使我们受益的一本书或是一部电影。它也可能是我们通过参加一些宗教仪式所能达到的一种心理境界，比如去一个朝拜地或静思地。它还可能是某段让你心情豁然开朗的音乐。对于有些人而言，它可能是重新整理一下收集的邮票，而对于另外一些人而言，它可能是去做慈善事业或者是做义务志愿者（为别人做些事情，或做些善事，我认为没有什么比这更能让你释然了）。无论这些事情是什么，请务必做到它，了解它，并利用它。正如一段音乐，即使它能愉悦你的心情，但如果你不经常去听的话，它对你也没有任何意义。

**正如一段音乐，即使它能愉悦你的心情，但如果你不
经常去听的话，它对你也没有任何意义。**

在生活中，我们都需要某些事物让我们可以浑然忘我，让我们可
以停止和自己过不去。无论是只狗，还是一个孩子，或者是在日间康
复中心与一个孤独的人交谈，总会有什么东西让你体会到围绕你的事
并不那么重要，也能提醒你生活中简单的快乐。

法则 56　只有好人才会有罪恶感

坏人忙着做坏事，所以不会觉得内疚。好人会感到愧疚是因为他们善良，他们总感到自己做错了事情、辜负了他人、弄砸了计划。好人都心存良知，坏人却不会如此。如果你有罪恶感，那便是一个好的迹象，它说明你处在正道上。但你必须知道如何面对罪恶感，因为罪恶感是一种非常自私的情绪，不但具有破坏力，而且毫无意义。

如果你有罪恶感，那便是一个好的迹象。

我们有两种选择：将罪恶感放在对的地方或抛弃罪恶感。是的，我们每个人都会犯错误。我们都会时常把事情搞砸。我们不可能总做"正确的事情"。如果我们心存良知，我们有时就会感到愧疚。但是仅仅愧疚是完全没有意义的，除非那能使事情变得更好。如果我们不能摆脱这种愧疚的心情①，不采取任何行动，你就只是在浪费时间和生命。

感到内疚时，首先需要确认的是你是否真的需要感到内疚。它可能仅仅是你过度自责的良知或责任感让你产生愧疚。比方说，你经常自愿去做一些善事，但是有一次因为某些原因你说了"不"，那么你就没有必要感到愧疚。如果你牢记这条法则的话，你将在心里明白没有必要这么做。如果你在做与不做之间抉择，那么抉择的方法很简单：做与不做，只要自己问心无愧就好。做决定时请把这句话放在心里，选择不做而感到内疚并非选项之一。

如果你真有理由感到内疚，就把事情做好，这是最简单的做法。但如果没有办法把事情做好又该怎么办呢？那么就当是学个经验，下定决心，抛开罪恶感并且重新出发。如果罪恶感还是咬着你不放，那么你就必须找出一个方法将其抛在脑后。

---

① 憎恨自己、害怕、恐惧——这些都可以替代罪恶感，但最好是不再去想。

法则 57　说不出好话就不说

　　抱怨、发牢骚以及指责别人是很容易的。找好听的话去描述一个处境或一个人总是比较困难的。但是现在请把它看做是一个很大的挑战。说好听的话是很难做到的，因为人类的本性是倾向于抱怨。如果有人问周末的野炊怎么样，人们就很容易开始去抱怨坏的天气，野营地点的种种问题，以及在隔壁大篷车里的那些人们令人厌烦的言行，而不是去分享野营中与你想在一起的人同处的乐趣和驻扎地点的宜人景色。如果有人问起你和主管的相处情形，比起谈论他们的好处，你一定马上抱怨他们让你抓狂的事件。

　　不管一个人有多糟糕，他总是有某些优点。你的工作就是去发现他们身上的闪光点，称赞它，把它说出来，把精力放在这些好的方面。当我们遭遇麻烦事时也是一样的。我记得曾经读到一篇关于一个妇女在巴黎地铁遭遇大罢工的故事。那儿一片混乱，如潮的人流，熙熙攘攘的人群，看起来是非常可怕的。一个妇女带着她的小孩恰巧也在那儿，这种场景本应该是非常吓人的，但这位妇女弯下腰乐观地对着小孩说："亲爱的，这就是所谓的冒险。"这句话从此成为我遭遇危机与困难时的口头禅。

下次有人问你对某人、某事或某个地方的印象时，你必须想些悦耳又正面的好话来说。有不胜枚举的例子说明乐观有很多的好处，但是最显著的好处就是人们乐于接近你，他们甚至不知道为什么这么做。你散发出的积极态度是迷人的。人们喜欢与乐观、积极向上、自信的人在一起。因此我们必须更谨言慎行，多说好听的话。

亲爱的，这就是我们所谓的冒险。

很显然，如果你只说好话，那么就会少些诽谤、流言、粗鲁待人和抱怨（你可以用建设性的方式指出问题）。这会给你一个完善自我的空间。

在你开口之前，试着找些好话来说，至少花一个星期试试看。这

是其中一件连你都会为它如何改善了你的生活而感到震惊的事，但是
不要仅仅相信我的话——只要尝试就行。如果你也根本不能想出好听
的话，那就不要开口去说，一点都不要说。

第二部分
伴侣关系原则

我们都需要爱与被爱。大多数的人们都希望从这种关系中得到慰藉和陪伴。我们每个人都不是孤立的，都需要与一些和我们亲近的人一起分享。这就是人性。如果没有给予和被给予，那么我们不会有精彩丰富的人生。

但是，这是个很大的"但是"（我这个"但是"看起来是否出乎意料），人与人之间关系的复杂性决定了人不可避免地会犯很多错误。因此我们非常需要法则来指引自己的脚步，至少对我来说是如此。

我们都需要帮助，有时需要换个角度来看待问题。以下是一些不同寻常的规则，可以让你从一个全新的角度去思考你的伴侣关系。

这些法则都不是创新的，但是我注意到这些法则是那些有着成功的、良好的、和谐的、持久的、有生命力的伴侣关系的人所共同拥有的，这些人同时拥有令人温馨、充满活力、非常亲近又强而有力的关系。

法则 58 求同存异

"Sugar and spice and all things nice … slugs and snails and puppy dogs' tails"（一个关于女孩和男孩的英文儿歌，大意为：糖、辣子和所有好的东西构成了女孩子……子弹、蜗牛和小狗的尾巴构成了男孩子）——儿歌不就是这么表达的吗？你是哪一种呢？是子弹和蜗牛，还是糖和辣子呢？很可能你多少都有一点。瞧，男人和女人有很多不同是千真万确的。如果不承认并不能看到这些不同，我们就是傻子。但是我们不是非常的不同，我们不是不同的物种——或者来自不同的星球，正如有些人让我们相信的那样。事实上，我们的相同之处远比不同之处多。如果我们能珍惜彼此的相同并接纳不同，而不是一味强调我们是不同物种，那么关系将会更和谐。

一种关系，如果你喜欢的话，正如一个团队，最初由两个人组成

（随后这个团队可能有很多的下级成员），他们都把各自的才能、技能和资源带到团队中来。每个团队都需要有不同能力的人去实现目标，使项目运转。假设你们每个人都是强势的领导者、快速的决策者和冲动的鲁莽者，那么谁将会考虑细节并完成整个计划？谁将去做工作而不仅仅是搜集意见？不用担心，接受不同——看看它带来的好处！试着换个角度，看看队友的特殊才能，相异之处可以很有效地运用，让你的团队发挥得更好。

　　你们之间有什么共同点呢？拥有共同点可能是非常好的（共同的观点，共同的品位），但是它也不总会使生活变得简单（比如，都热衷于正确的观点，都热衷于对事物的控制）。如果你们都是天生的领导者，你们可能会为领导者的位置拼得头破血流，而不会同意轮流领导。共同点应该被珍惜并适当运用，例如合作或轮流主导，这样才能激发双方的能力，并且使关系变得和谐、圆满。

我们可能会更好地相处，而不是对待对方就像我们属于不同的物种那样。

·

　　你们共同为一件事而走在了一起——无论"这件事"是什么——你们需要一起工作，成功地完成任务。如果你们能共同发挥你们相同的才能，你们将会得到更多，并且比起各自为战，会拥有更多的时间轻松地去完成任务。脱掉外壳，我们都是人，都会感到害怕，都很脆弱，我们都在设法使生活多少有点意义。如果我们总是十分在意我们的差异，我们将面临失去人生旅途中那些能够为我们点亮前行的路，且使我们人生旅途拥有更多乐趣的人们的帮助。那些网络上流行的无聊笑话——如果一个女人是一台电脑将会这样，如果一个男人是一辆车子将会那样——并没有帮助。真实的人生并非那样。

法则 59　允许①你的爱人做自己

这是很有趣的老生常谈，我们往往会爱上那些独立、果断、强大、有权力、控制力强并且性格非常外向的人。之后，当我们俘虏他们时，我们总会努力去改变他们。如果他们依旧独立而不受束缚，我们甚至会妒火中烧。这就像是在他们与我们恋爱时，我们不知何故总想着去限制和束缚他们。

在我们遇见他们之前，他们的生活过得很好。在我们遇到他们之后，我们开始给他们建议，干涉他们的选择，约束他们的梦想和理想，并且剥夺他们的自由。事实上，我们该做的是往后站，还给对方

_____

① 是的，是的。我知道我说了"允许"。这只是个玩笑，千万不要联系我……

做自己的自由。

　　常有人抱怨，他们之间的爱情魔力已经消退，彼此之间也不再有火花，逐渐开始分道扬镳。然而当你深入地研究一下，便不难发现其主要原因是两个人处在一个没有相互信任、充满压抑、为琐事而烦恼的环境当中。他们完全不给彼此任何喘息的空间和做自己的机会。

　　所以我们能做什么呢？首先我们都应该退让一步，用初相识的眼光看待情侣，是什么吸引了你？他们的特别之处是什么？是什么让你们坠入爱河？

　　现在再看一下他们，有什么不同了？有什么已经消失或改变了？他们还是当初那个独立的人吗？或者是你侵犯了他们的空间，伤害了他们的自信，破坏了他们的独立，使他们丧失了活力？或许都不是。这听起来有点不舒服，但我们的确有掌控他们的倾向，他们也确实失去了原来的光芒。

是什么吸引了你？他们的特别之处是什么？是什么让你们坠入爱河？

　　你必须鼓励他们，以一个旁观者的心态去审视这种安逸的关系，重新发现他们的激情和活力。他们也许需要花一些时间重新发现自己在独立状态下的聪明才智。有时你可能需要放手，避免再次束缚他们。所以，你只要去鼓励，退让一步，放开手站在一边就够了。也许这很难做到。但多数成功的关系都有一个共同的要素，也是最重要的一个，那就是独立。两人有单独行动的时候，将为这段关系带来新意，这是健康的、也是很好的。这就是成熟的关系。

法则 60　友善待人

　　在忙碌紧张的现代生活及日复一日的相处中，我们往往很容易忘记我们是在和活生生的人相处，而不仅仅是生活中的过客。当我们不理会某些人，粗鲁地对待他们，对他们视而不见，觉得他们无足轻重的时候，我们很容易会认为理应如此，或认为我们已经对他们表示过感谢或表扬或说过了"请"之类的礼貌话。

　　为了使你们的关系更加融洽，你必须回到起点，再次从谦恭有礼（这个看似有些陈旧的词）做起。你们应该把自己作为一个尊敬他人、处事老到的个体重新介绍给对方，并让对方确信你们将变得和睦、友善、文明和礼貌。从现在开始你应多说"请"和"谢谢"，不管一天要说多少次，这都是必需的。要做到体贴入微，要学会赞美他人。送给对方礼物却不需要任何理由。当你的伴侣说话时，让他们知道你对话题很感兴趣。

你应该重新开始，再次从谦恭有礼做起。

关心他们的健康、幸福、梦想、希望、工作、兴趣和爱好。花一些时间帮助他们，花一些时间关注他们的需求，花一些时间和他们在一起，不要去做任何事情，除了去倾听他们的想法，向他们表示你很感兴趣，表示你仍然爱着他们。不要让忽视危害你们的关系。

我们对陌生人非常友好，也能全神贯注地与同事沟通，但我们的伴侣却在忙乱中被遗忘。事实上我们更应该加倍关心我们的爱人。毕竟，对我们来说，他们是这个世界上最重要的人，让他们感受到这一点很有意义。

当然，如果你已经做了这些，请原谅我在此善意的提醒。

我读过一篇报道，内容是一位男士不断地买新皮包给他太太——然而总是不合适，不是过大，就是质地坚硬，不适合妻子的需要。他妻子对丈夫说她更喜欢自己去买那些包，毕竟她已经是个成人了。但是她老公总是顽固地认为自己有关"时尚"的看法比妻子好得多。

故事的最后，妻子给他买了一个大袋子，这才使她丈夫放弃了那种观念。我认为这是一个很精彩的禅宗式解释。这位有智慧的太太没有跟先生正面冲突，却通过简单的举动改变了先生。这样的做法，比争吵要好很多，不是吗？

法则 61　你想做什么？

　　不管我们成为伴侣的时间已有多长，并不代表我们会成为连体
婴，并有相同的想法、相同的行为、相同的感觉和反应。我曾经发现
最成功的夫妻关系是无论双方身处何地，他们之间的关系都牢不可
破。最好的关系应该是彼此支持对方的兴趣，即使自己并不感兴趣。

　　支持你的爱人和他们想要做的事，意味着你必须对自己很有自
信，所以不会感到嫉妒、猜疑与怨恨。也意味着你必须为他们所表现
出的独立、坚强甚至是暂时地离你而去做好充分的心理准备。这样做
可能是很困难的，但这可能是真正考验你有多关心和爱护你所爱
的人。

　　你若给予/允许/忍受/鼓励他们越多的自由，他们就可能会给你
越多的回报。如果你的爱人感觉到了你的鼓励和信任，他们就不大可

能会去"偏离"方向或像笼中被束缚的鸟儿那样急切地想飞出去。你越支持他们，他们就越觉得被好好对待，这是件好事。

你必须为他们所表现出的独立、坚强甚至是暂时地离你而去做好充分的心理准备。

但是如果你不同意他们想做的事情怎么办呢？那么恐怕你该把注意力放在自己身上。你知道，他们都是一个单独的人，并且有权利做他们想做的事——假设这事对你没有任何伤害，或者不会以任何严重的方式危害你们之间的关系（比方说同其他人发生关系或者是犯罪）——那么你的职责就是给予支持。你也许要问问自己，为什么不喜欢他们想做的事情，这应该是你而不是他们的问题。

问问自己——如果他们继续这么做，最糟糕的会发生什么？是他们把你的地板弄得乱七八糟，破坏你的一部分花园，还是把钱花在你并不真正想要的东西上，或者一周多都不在身边。现在请你比较一下，如果他们决定离开或者不开心且失意地跟你生活在一起，哪种情况更糟糕呢？

    当然，他们说想做什么的时候，这并不意味着他们真的会这么做。而一些很固执的人往往就是因为你反对他们所提到的事情而坚持去做那些事。但是，如果你真的同意了，有时他们也不会这么做了。

    如果你提前看一下法则 70，你会知道为什么对待伴侣要比对待自己的朋友更好，互相支持就是其中的一部分。我们忘记了我们的爱人是一个单独的个体。我们忘记了他们也有自己的梦想、计划和未实现的抱负。我们应当去鼓励他们找到自己的路，实现自己的理想，让他们尽最大地努力去追求完整、快乐和充实的人生。我们不应当去贬低他们，讥讽他们的梦想，轻视他们的计划，嘲笑他们的野心。我们的责任不是泼他们冷水、嘲笑他们的梦想，或不屑他们的计划、成为他们的绊脚石。帮助他们展翅翱翔才是我们应该做的。

法则 62　率先道歉

不要去考虑是谁先挑起了争端，不要去考虑为什么而争吵，不要去考虑谁对谁错，不要去考虑那是谁的鬼把戏。你们都表现得太幼稚了，像是被宠坏的孩子，你们应该立刻回到自己的房间冷静下来。不是开玩笑，我们有时都会争吵，这是人的本性。从现在开始，如果你想成为一个尽责的法则遵守者，而我也可以从你闪闪发光的眼神中看出你的诚意，那么你必须首先去道歉，就是这样。这就是这个法则的结果。为什么要这样做呢？因为这是法则遵守者的做法。我们应该做第一个道歉者。我们以成为第一个道歉者而自豪，因为我们依然还是我们自己，我们不会因为去道歉而感到伤自尊，也不会因此而感到威胁或担心颜面丧尽，更不会因道歉而使我们感到权威地位和形象受到挑战，或担心暴露内心的脆弱。我们可以在致歉之余仍然保持坚强，我们承认自己的错误，同时不会失去自己的骄傲和对自己的尊敬。

道歉是因为我们感到歉意。我们为卷入任何的争吵以及因此而忘记了至少五个人生法则而道歉。

不论事情是多么微不足道，当你与人发生争执，你就犯了错，犯错就应该先道歉。因为无论我们争吵什么，我们都错了。争吵的内容就是我们要道歉的内容。不要去管到底那是关于什么，我们第一个去说抱歉是因为我们是高贵的、友爱的、精神上有雅量的、高尚的、成熟的、有判断力的和好心的。我知道，我们得拥有所有这些品质，并且仍然还要去道歉。这的确很困难，也是很苛刻的要求。但尽量试着做做看，看看这么做会有什么帮助，如果我们能始终如一坚守高道德标准，结果总是让人喜出望外。

我们承认自己的错误，同时不会失去自己的骄傲和对自己的尊敬。

如果参与争执的双方都在读这本书就更好了！你们千万不要告诉

对方——参见法则 1——但是你们可以争着去做第一个道歉者。那会是很有趣的。

　　道歉固然难以启齿，却能带来许多益处。道歉不仅仅会给你带来道德上的优势，还可以化干戈为玉帛，消除紧张，摆脱因争吵带来的不好的感觉和气氛。如果我们愿意率先低头，对方也有可能放下身段承认自己的过失。

　　请永远记住，我说的道歉不是让你俯首认罪，而是为了自己首先去争吵所表现的不成熟而道歉，是为了失去理智的行为而道歉，是为了忘记应该遵循的法则而道歉，是为了你的粗鲁、好辩、固执、无礼或者小孩子气等而道歉。道歉之后，我们就可以心安理得地走出争端。

法则 63　花心思取悦对方

.

　　什么？你必须做到第一个去道歉，鼓励并且帮助他们，给予他们自由和支持，做到待人友善，而现在我又告诉你还应该努力带给你所爱的人最大的快乐。任何人都会认为你这样做是出于爱。你会认为你所做的这些是因为这个人值得你尊敬、崇拜和敬仰，并且你也乐意去为他这么做——这个人是你真正关心的人。这正是该法则的最准确的内容，即努力把最大的快乐带给这个世界上对你最重要的人，带给你真正喜欢、珍惜和关爱的人，带给你生命中最重要的那个人。这条法则的内容是关于你的爱、你的同伴、你的财富、你的知己、你的恋人和你的朋友的。所以你还有什么问题？为什么你不想这样做呢？为什么你还没有这样做呢？

为什么你不想这样做呢？为什么你还没有这样做呢？

如果我们打算跨出这一步，该怎么做呢？方法很简单，你只需要多用点心思就行了。比如，筹划庆祝生日并不是简简单单地送一个礼物、一张贺卡、一些鲜花、在酒吧喝一两瓶饮料——如果真能给他们带来幸运的话，就那样做吧。应当在他们生日的时候，或是其他特别的日子、假期、周末或周年纪念日的时候，认真考虑一下他们可能会喜欢什么、可能会想要什么，即使他们想要的东西十分奢侈。你应该竭尽全力地去搞明白他们到底真正喜欢什么，然后送给他们。当然，这里我并不是指给予他们金钱，而是指那些能够给他们带来惊奇和取悦他们的东西，并以此来显示你对他们的体贴和关爱。为此，你应该事先打点好种种事情，让他们了解自己是多么的独一无二和举足轻重。

这条法则就是告诉你要找到不同以往的方式使你所爱的人获得超

乎寻常的和他们期望的快乐，而这种方式是他人所做不到的。你能够通过这个机会同时去展现你的创造力、冒险精神、与众不同以及你的关心和爱护。而如果你没有足够的时间怎么办？那么你必须要去查看一下你的重要事项安排了。毕竟，还有什么事情会比取悦自己的爱人、伙伴以及好友更重要呢？（是的，这是指你最在乎的人，而不一定是指这三个人）

法则 64　知道何时倾听，何时行动

　　不知道是不是男人比较学不会这一点，对我来说的确不容易。无论任何人遇到难题，我都想赶紧离开去做点什么。当然做什么并不重要，实际上只要能做些什么我都觉得很好。

　　然而或许有更好的处理方式，那就是坐下来好好倾听。我当然不可能在聆听对方的问题或麻烦后，化身为"全能超人"解救他们，替他们挡子弹或双手撑起快塌了的天空（成为一个真正的英雄）。我需要做的只是提供一只耐心倾听的耳朵，或者一个哭泣时可以依靠的肩膀，或者类似于"对你而言，那太糟糕了"这样的回应，或者一个建议，或者全神贯注的目光交流。但是，那样去做的确很难。每当我一听到问题时，我就会觉得乏味，我甚至会立刻去寻求解决问题的方法。

就我个人而言，我就不喜欢听到别人说些关心和鼓励的话，也不愿意去与人分享，我需要的只是一个解决问题的方法，一个实际的帮助，一双援助之手或能帮助我脱困的工具。①

我所有的问题都是与具体事物相关的，并且需要具体的解决方案。我比较无能为力的是和人相关的问题，那需要完全不同的技能。知道何时去倾听、何时去行动绝对是我们需要培养的一种非常有用的技能。虽然我有时还是会打断对方的分享，多管闲事，告诉他说："稍等，我会搞清楚该怎么解决"，而后匆匆离去拿我的百宝箱来解救他。但是，之后我仍然需要坐下来认真倾听问题的原因，并思考一下该如何去解决。

当然，有些问题是没有解决办法的，但这并不是别人向你倾诉的原因。别人向我们倾诉是因为我们本身可能就是解决问题过程的一部分。在这个过程中，你可能需要表示出同情、悲恸、震惊、共鸣、友善，提出情感建议和给予帮助。想成为一个好的法则遵守者，知道什么时候该去表达你的同情和什么时候该去提供解决问题的方法是我们

① 或者是可以解决我特定问题的一切东西。

需要学习的一种技能。（当然，我知道自己也仍然经常在这方面犯错）

　　知道什么时候该表达你的同情和什么时候该提供解决问题的方法是我们需要学习的一种技能。

法则 65　对生活充满激情

　　两个人相遇，坠入爱河并决定共度此生，这是我们都乐见的。但是，你们相处的状况如何呢？我不是在开玩笑，而是很严肃地告诉你（仅此一次）：我认为仅仅是生活在一起，共同度过一些日子，而没有真正的沟通是远远不够的，你还必须对你们共同的生活充满激情。充满什么？激情。在一起就意味着你们之间有一种强烈的情感纽带，有一个相同的经历来共同分享，有一个能够促使你们共同前进的浪漫梦想去实现。爱情不该是要死不活、昏昏沉沉或令人意兴阑珊；你应该振作精神，时时与对方保持良好互动，和他们分享你的梦想、报复和计划，你应该在两人的关系中不断注入新的活力。

　　我知道每一段恋爱关系都有起伏，都会经历高潮和低谷。我知道我们有时会感到自满，而有时甚至又会感到有点厌烦。但是从某种程度上来讲，你正在为了某人的幸福而奋斗，这就需要你集中精神和力量，保持激情和动力，付出热情和努力。那是为什么？难道你不是正在为了某人的幸福而奋斗吗？那么你现在正在做什么？从某种意义上讲，所谓的恋爱关系也就是这样的，如果你不能替对方的幸福设想，那么这段关系还有什么意义呢？

……你正在为了某人的幸福而奋斗。

我们该做的是让彼此之间的爱情保持热情，让你的伴侣在这段关系中获得满足、成就以及快乐。

在理想状态下，每个人一辈子只有一次这种学习机会（我知道我们中的很多人在一生中会有不止一个爱人，但是这里我假定人们追求的目标总是相伴终生，都不想离婚）。这是你建立一种良好、牢固的关系的机会，而这种关系又必须是建立在相互信任、有责任感、共享快乐、充满动力和追求卓越的基础上的。难道不是吗？如果不是，那又会是什么呢？如果你想从这种关系中得到很多，那就只能这样做。当你有点心情烦躁、需要人陪伴时，你的爱人不是为了单纯的聊

天而陪伴在你身边。他们在你身边是因为他们爱你。他们在你身边是
因为你们两个人有恋爱关系。难道这样还不够让你为这段关系好好努
力，投注更多热情吗？

法则 66　高品质性生活

　　我们要开始谈论性爱了吗？当然不是。这里我将要谈论的内容是爱。如果你正处在恋爱之中，并深深地感受到了爱，那么做爱就是一件很自然的事情了，它充满了乐趣，同时也会产生各种各样的问题。作为成功的法则遵守者，在一般的关系中，我们都应该做到亲切、礼貌、恭敬、兴奋、富有创造力、尊重、体贴。而在性爱关系中，我们同样也应当具有上述的品质——尊敬、亲切等等。我们应该考虑对方的感受，不要勉强彼此做不想做的事或令对方感到为难或窘迫不安。我们都有保护隐私的权利，我们也都有受到尊重和敬重的权利。

　　这些是你和你的伴侣都应该具备的，相互体贴十分重要。我们必须充分考虑到对方的需要、喜好、需求和能力。同时，我们也必须保持礼貌。

我们都有保护隐私的权利，我们也都有受到尊重和敬重的权利。

当然，除了上述的要求，我们还需要保持点激情和狂野。我们不需要总是很体贴地去考虑对方，我们不需要总是压抑自己的情感去表现出友善，我们不需要仅仅是为了尊重对方而使自己变得完全顺从，我们也不需要仅仅因为考虑到了我们爱人的安全、隐私、健康以及我们与他们的亲密关系而使生活变得单调乏味。因为即使是最热情的恋人，也可以在粗暴地扯掉对方的衣服享受完激烈的欢愉的同时体贴地关爱对方，这两者可以并行不悖。

能与所爱的人缠绵是件值得骄傲的事（对我而言，在生活中，如果有人愿意为我轻解罗裳，而我也愿意坦诚相对，这件事就够让我自豪了……）。做爱会拉近我们与另外一个人的距离，也会使我们与爱人的关系更加亲密。而如果我们在这里不互相尊重，那么我们将会怎么做？尊重源自于了解——不仅仅是要了解我们的爱人最喜欢什么，而且还要了解整个过程的一切细节。我们应该尽可能地做到娴熟，如果不能，我们就需要花一些时间去学习那些知识。不要为学习这条法则而感到羞耻，就像开车一样，没有人可以不经过学习就成为好伴侣。

法则 67　保持沟通

是的，保持沟通很重要。当我们遇到问题时，沟通可以帮助我们走出困境。当我们经受苦难时，沟通可以帮助我们摆脱困境。当我们雀跃和高兴时，与爱人交谈能分享这种快乐。

如果停止对话，那一定是彼此出了什么问题。如果我们彼此不进行沟通，那么我们又该怎么做呢？沟通可以帮助我们相互理解、相互倾听、相互分享、相互交流。

如果停止对话，那一定是彼此出了什么问题。如果我们彼此不进行沟通，那么我们又该怎么做呢？

很多人认为沉默是一种不好的现象。当然，我们不需要去打破所有的沉默。但是当我们与人沟通时，一些基本的谈话礼仪是我们应该注意到的：

- 确认你的爱人已经和你沟通过——当然，咕哝或叹息不是我所说的沟通。

- 每隔几秒钟作出一些反应，让对方意识到你的存在，感觉到你在用心地、饶有兴趣地倾听——这种暗示可以是一个点头，一句"是的"或者"不是"的回答，或是一些鼓励的话（比如嗯、哦这样的叹词）。

- 认识到沟通是你对你的恋人或爱人责任的一部分，你应该了解这一点，得尽量做到最好。

- 良好的沟通可以促进你们的两性关系——如果你不试着沟通，你就无法充分调动对方的感情。而只有通过沟通，你们才能创造良好的前戏。

- 沟通有助于解决问题，而沉默只会让问题恶化。

- 沟通可以增进感情——正如在一开始相爱时，你们会经常沟通交流，记得吗？

　　总有一些时刻和场合是需要沉默的（参见法则 64）——但是沟通对我们而言却是健康的、有益的、友好的、有趣的，而沉默只能是枯燥乏味和无益的、破坏性、危险的。很显然这里讲的是高质量的沟通，而不是没完没了的闲扯。你不应该为了打破沉默而不停叨念，闲聊无伤大雅，但交谈通常需要有目的，切忌喋喋不休。所以，你该做的是与伴侣做好理性的言语交流。

法则 68　尊重伴侣的隐私

　　"我想一个人静一静……"我们每一个人都有上天赋予我们的享受尊重、隐私、信任和诚实的权利。但是在所有的这些权利中，只有隐私是最神圣不可侵犯的。

　　你必须尊重你爱人的隐私，你们需要相互尊重。如果你做不到这一点的话，你也必定会质疑其他的权利——信任、尊重和诚实。而如果所有的权利都失去了的话，你们之间所拥有的就不再是一种恋爱关系了，坦白地说，除了你们之间可能不会再有任何关系外，我不知道还会存在什么样的关系。人人都希望拥有良好而健康的婚姻，而这意味着我们必须尊重伴侣的隐私，任何方面皆然。

　　如果他们选择不同你探讨一些问题，那也是他们的权利，而你绝没有权利去：

- 甜言蜜语

- 威胁恫吓

- 情感施压

- 贿赂利诱

- 限制他们的特权

- 试图以不正当的手段和方法去发现那些隐私

　　你也不能动之以情地窥探对方的隐私。尊重隐私不仅仅是指在当事人不在场时，不私拆别人的信件，不偷听别人的电话留言，不偷看别人的电子邮件。尊重隐私也是指尊重你的爱人单独洗浴的要求——在我们的生活中我们都需要保持一定的优雅和尊严，而拥有单独的浴室实际上也是最基本的要求。两人共用一个浴室尚且是不可取的，更不用说同时使用一个了。啊，真恐怖。如果做不到每人用自己的单独浴室，至少让我们在浴室里保留一些隐私。我知道共用浴室之类的可能很亲密、很浪漫，但你没必要在对方面前剪脚趾甲或挤黑头吧。温斯顿·丘吉尔曾说他能够维持 56 年婚姻——或者无论是多久——原因就是拥有了单独的浴室。所以，尽可能保持单独洗浴的习惯，并确保不会侵犯你爱人的隐私。这条法则并不局限于你的伴侣，你还可以延伸到任何人或任何地方。

如果某个时刻我们觉得侵犯他人隐私是必要的，那么我
们必须审慎检视自己，并自己找出原因。

如果某个时刻我们觉得侵犯他人隐私是必需的，那么我们必须审慎检视自己，并自己找出原因。真相可能令人难以接受，但我们必须面对它。

法则 69　确认彼此的人生目标一致

　　当我们与伴侣第一次相遇并相爱时，我们会认为彼此对爱的每个层面都心意相通，并有许多相同之处。这一切看起来都是如此简单，如此直观，如此自然。当然，我们都希望变得完全相同，我们都希望成为同一硬币的两面，我们也都希望共同走完人生的旅程。

　　但如果你这么想就大错特错了。生活的道路有时会有分歧，而如果你们不够机警，你们将完全甚至是永远从对方的视野中消失。因此，你们必须不断确认彼此是否拿着同一张地图，想着同一个目的地，并朝同一个方向前进。

　　你与伴侣的共同目标是什么呢？你们认为你们将走向哪里？不，千万不要在这里猜测。不要去假定甚至去猜测双方的共同目标。你应该去了解你爱人的想法——以及你自己的想法，看看它们是否一致。

你们的目标可能是完全不同的，或者也可能是相当接近的。除了询问以外，我们无从知道答案，然而你要谨慎一点，别让人觉得你小题大做。

你们必须不断确认彼此是否拿着同一张地图，想着
同一个目的地，并朝同一个方向前进。

此外，还必须区分我们与伴侣共同拥有的是梦想还是目标。我们每个人都有梦想——海滩旁的小屋、环游旅行、法拉利跑车、在马利布的第二套房子、专用的酒窖（当然是完全用于储藏）、标准化的奥林匹克游泳池——但是目标却不同。目标诸如要生孩子（或是不要孩子）、要经常旅游、要早点退休并在西班牙定居、要把孩子抚养成人并让他们成为快乐的和适应能力强的人、要相伴一生、要移居乡下或城镇、要一起在家办公、要一起经营你们自己的公司、要去养条狗。我认为梦想是你期待未来某一天能够得到的东西，而目标则是你们正在一起去努力实现的事情。梦想可以一个人实现，但目标则要两个人同心协力，因为只要少了一个，目标就不再有意义了。

　　这条法则提醒我们要自我检视。为了做到检视，你必须与你的爱人沟通一下你们未来的共同方向是什么以及你们将会做些什么。这并不是一件很困难的事情，你只需要简单地回顾一下先前的状况并检查一下现在你们是否仍然都处在相同的轨道上。你们也无须无一遗漏地规划未来的行程，只要大致上确保彼此走在同一个方向上。

法则 70　对待伴侣要胜于你最好的朋友

　　有一次我和几位朋友聊到这条法则，其中一位朋友完全不赞同我的观点。她说你应该更好地对待你的朋友，因为你更了解他们，你亏欠他们更多的忠诚。然后我又和另外一个朋友谈及此问题，她却说根本不是那么回事。她认为因为你不了解你的爱人，所以你应该对待你的爱人胜于你的朋友。这个问题真是有意思。我认为我们应该对伴侣比对朋友更好，因为伴侣不仅是我们的爱人，同时也应该是我们最要好的朋友。

　　如果你不这样想，那么谁才是你最要好的朋友呢？那又是为什么呢？是因为你的爱人是异性，而你却需要一个同性的最好的朋友吗？或者是因为他们与你同性，而你却需要一个异性的最好朋友呢？还是因为你从来不觉得恋人可以成为你的朋友呢？（如果你的回答是肯定

的，那么你又是如何看待自己的爱人的呢……他们的价值和意义又是
什么呢?)

这里你必须花点心思，想想怎么做才能对爱人比对朋友更好。你
必须为他们着想，可以为对方做些什么或不做什么。

我认为对待你的爱人胜过你最好的朋友原本就是理所应当的，这
就要求你们之间不要相互干涉、彼此尊重对方的隐私、像对待一个独
立的成年人那样对待对方。请看看你周围的这样一些夫妻，他们对待
对方就像是对待小孩——唠叨、责骂、争吵、批评以及吹毛求疵。然
而他们对朋友却不会这样。这不是很奇怪吗? 你的伴侣不应该是你生
命中的全部吗?

**那么你又是如何看待自己的爱人的呢……他们的价
值和意义又是什么呢?**

我再举一个例子。假设今天有位朋友开车载你，他们犯了一个很
愚蠢的错误（尽管不是很危险），你可能会立刻去取笑他们。现在设

想一下同样的情形，但是这次却是你的爱人出错了，你会：

- 让他们觉得自己很没用吗？

- 不断提醒对方的错误，让他们不能忘怀？

- 大肆宣扬这件事？

- 不信任他们而自己驾驶？

- 像对待你的朋友一样揶揄他们吗？

希望你会像最后一个那样。然而，看看你的伴侣，在相同的情况下，他们都是怎么做的。

法则 71　知足是崇高的目标

　　如果你问别人最希望在人生中得到什么，我想他们大部分会说：
"哦，我认为我只想快乐地生活。"同样，当你问及他们的孩子时，
也会得到同样的答案——"我不介意我的孩子做什么，只要他们快
乐就好"。而事实上，也许你内心更希望你的孩子能够成为宇航员，
或是脑部外科医生——至少在这点上你可以搏一搏，因为我们可以训
练他们，而他们也可能做到。

　　幸福十分抽象，花大量时间去追求相当不明智。快乐是一种极端
的状态——而痛苦则代表着另外一个极端。如果你重新回忆一下自己
生活中的快乐时光——或者认为本应该拥有的快乐时光——我敢肯定
你还会有另一种极端的感受。比如，当你的一个孩子出生时，除了母
子平安的喜悦外，我们也会感到雀跃与惊叹，但幸福呢？或许并不

尽然。

　　人们总认为悠闲度假是一种幸福，然而他们想要的只是放松，或能从工作之中解脱，并重新获得活力。把追求快乐作为目标是一种"遥不可及"的事情，因为快乐永无止境，因而你也永远无法达到终点。你必须一直不停地去追求更多的快乐。与其把追求快乐作为目标，倒不如把知足作为目标。知足是个可以达到的目标，也是个值得追求的目标。

　　这个法则在伴侣关系中尤其重要，不论是寻找真爱的过程，还是获得真爱后相处之道都是如此。我们多数人都想拥有神魂颠倒的爱情———一种化学反应，它会点燃你爱的火花，带给你飘飘欲仙的奇妙感觉。爱情的感觉真是极其的美妙。但是那种感觉不能也不会持续很久，你最终还将回归到现实中来，你还得继续过你的日子，没有人能始终生活在那种理想的状态。在激情逐渐消失后，知足就是你所希望得到的，并且你也将重新回归到轻松、快乐的平淡生活中。事实上，知足才是更值得追求的目标，因为这么一来才能够长长久久。

　　所以，即使你发现对你身边的人已经不再有当初那股热情和悸动，但是你们之间至少还拥有知足、温暖和关爱——那你就应该是幸福的。

与其把追求快乐作为目标，倒不如把知足作为目标。

法则 72　夫妻不必遵循相同的行为标准

　　很多夫妻都认为，彼此之间应该在每件事情上持相同的看法，或遵循相同的行为标准。但事实上，这种观点是不正确的。夫妻双方可以在一些重要的方面用不同的法则行事。只有双方能灵活运用法则，并以此调整两人的关系，才可能建立最幸福、最成功和最牢固的夫妻关系。

只有双方能灵活运用法则，并以此调整两人的关系，
才可能建立最幸福、最成功和最牢固的夫妻关系。

　　我举例来说，假设你是个有严重洁癖的人，但你的伴侣却十分邋遢。通常你们中总有一个人会不停地抱怨另一个人是如何的脏或整洁。你们之间肯定会有分歧和问题，因为你们都试图用相同的法则做事——要么都保持整洁，要么都不保持整洁。而如果你们都遵循着不同的法则又会怎样呢？为什么不可以一个邋遢，另一个保持整洁呢？我可以在某些方面显得又脏又乱，你也可以在某些方面显得十分爱干净。那么现在我们因为有了不同的法则，就不会再争吵了。我不用勉强自己一定要爱干净，而对方也不会委屈自己生活在邋遢的环境当中。

再跟你分享其他的例子好吧。我的妻子十分讨厌被取笑，也很讨厌被咯吱。而我呢？我感觉无所谓。她的法则就是不要被咯吱——或者被取笑——而我的法则却是可以容忍。① 你或许是那种随时都想知道你爱人身在何处的人，然而他们却觉得没有必要知道你在哪儿，也不期望你向他们报告你的行踪。你可能有这样一个法则，为了让你放心，你的爱人无论去哪儿都务必要告知你。但当伴侣觉得不需要操心时，就不必时时掌握对方的行踪了。

————————

① 当然，这只是对我的妻子而言，而你却不能过来咯吱或取笑我。

　　或许你的爱人希望你不断地说我爱你，一天要说好几遍才够。但当你真正地感觉到爱意时，你可能更喜欢不要轻易言爱——那么你就可以有这样一个法则，即你可以经常地告诉你的爱人说你爱她（他），但他们却不必每次都对你再这样说一遍。不论如何，一种米养百样人，伴侣之间的差异可能很大。

第三部分
亲情与友情法则

　　设想一下你就是自己所在世界的中心，那么你就正是那个轴心。接下来围绕在你身边的生活圈就是你的恋人和爱人，这是与你距离最近、最亲密的关系。而再接下来的生活圈便是你的家人和朋友。他们都是你最爱的人，都是你愿意花最多时间去陪伴的人。同时也是最爱你的人。在他们面前，你可以完全放松自己、为所欲为。但是在你们的相处过程中，仍然需要遵循一些法则。而这些法则会告诉你什么是正确的方式，什么是不正确的方式。你仍然需要举止得体、保持威严和尊重。在这里，我们仍旧要秉持尊严和敬意行事，对父母、兄弟姐妹和子女都有应尽的责任，我们也有义务认真对待自己的朋友。

　　在一生中，我们要扮演很多角色——父母、朋友、孩子、兄弟或姐妹、伯父或伯母、教父或教母、侄女或侄子、堂兄弟姐妹或表兄弟姐妹——并且还有很多法则和职责要去执行。接下来，此部分的准则会教导你如何做才能扮演好这个角色。

在日常生活中，我们都会不断与人互动。我们也总会（从情感上）与他们交流沟通。因此。我们需要一些法则去约束我们的行为，以确保我们在他们身边不会做错事，并帮助我们渡过难关，获得经验以及拥有更亲密的关系。

如果我们想与家人以及朋友之间建立和谐成功的关系，并且让他们认识自己最好的一面。那么我们自然就需要在这些关系上花费一些心思——要有明确的方法，而不要像大多数人那样过得浑浑噩噩。当我们能够认清自己所做的每件事，我们就可以改善关系，消弭问题，鼓励他人，并且在所到之处散发更多的温暖与欢乐，这样不是很好嘛？

法则 73　要做就做最好的朋友

　　作为一个真正的朋友负有极大的责任，你必须做到忠实、正直
（但不要太诚实）、真诚、可靠、值得信赖、友好（这是显而易见
的）、亲切、坦率、友善（如果你不友善的话，交朋友也就没有必要
了，不是吗?）、敏感、热情和善良。有时你也需要做到宽宏大量、
乐于助人、富有同情心。同时，你也不想自己被利用或者被蒙蔽。有
时你可能必须做到直言不讳，而为此你必须做好心理准备以承担一切
危及友谊的后果。此外，适时的沉默和不发表意见也是必要的，对方
毕竟只是朋友，而不是我们的克隆人，他们有自己的行事风格。因
此，你要成为他们的咨询者、倾听者、协助者、助手、同伴、朋友、
知己或志同道合的同志，给予他们朋友般的热情和鼓励，帮助他们变
得坚强和富有创造性，提高他们的兴趣和激情。

　　这些就是我们该做的。你会问，那么对方该做些什么呢？在理想状态下，他们需要做的和你都是一样的。而即使你的朋友没能做到上述的任何一点，我们还是应该继续扮演我们该扮演的角色，对他们包容，并且陪在他们身边支持他们。

　　我认为这条法则最重要的部分就是陪在对方身边。无论何时，无论他们是快乐还是痛苦，也无论有多少艰难和险阻，你始终都要陪伴在他们左右，握着他们的手，让他们倚靠在你的肩膀哭泣，递上一个手帕让他们擦拭泪水，轻拍他们的后背抚慰他们，并不停地为他们泡茶。我们会鼓舞他们高兴起来，告诉他们一切都不必担心，无须自寻烦恼，我们会竭尽所能地帮助他们重新站起来面对困境。

最重要的一点就是陪伴在身边并支持他们……无论他们是快乐还是痛苦。

　　我们会在他们身边，或许只是倾听，或许是提供中肯的建议。你要陪伴在他们身边，即使有时你并不想这么做。甚至就算他们身边的其他朋友都放弃了努力，你也仍然要陪伴在他们身边。不论如何，我们都会陪在他们身边。

曾经有人说过，真正的朋友是无论何时都可以毫无隔阂地闲话家常，即使是你十年都未曾谋面的朋友，当他们下了飞机回来时，仍会继续与你谈心交流，好像你们之间片刻也不曾分离一样。我想，这才是真正的友谊吧！

法则 74 为心爱的人花点时间

　　我们的生活如此紧凑，以至于常常忽略了身边的人，我也不例外。我有一些和自己关系非常特殊、非常亲密的兄弟，而我却总是忘记打电话给他们，忘记和他们保持联系。那并不是因为我不关心他们，而是因为我太忙了。这是不可原谅的。我会时不时地抱怨没有收到来自他们的消息，但是，那当然是因为我没有像他们一样经常地与对方保持联系。因此，我们必须设法腾出时间关心他，否则光阴会悠然而逝，几周逐渐变成几个月，接着几年的时间就在不知不觉中流逝。

　　对待小孩也是这样。父母们都想"恢复到维多利亚时代的传统——在保姆给孩子们洗完澡并穿上睡衣，以及准备好松饼和果酱后就寝前看望他们一个小时——是多么美好啊"等类似这样的一个神秘的幻想。我知道我是这样的，即使你并不一定如此。但是，我们对孩子、兄弟姐妹、父母和朋友这些关系投入的时间越多，我们从中得到的也会越多。我们确实该行动了，去给他们打电话吧，去和他们保持联系吧。但如果他们没有相同的回应怎么办？没问题，我们是法则实践者，不是吗？

我们对关系投入得越多，我们从中得到的也会越多。

这是我们该做的，这么做你将能掌握自己的生活，不再感到内疚（你会因为和他们通过电话、写过信以及保持了联系而不会有任何内疚感）、在宽容方面（他们不打电话给你，不写信给你，或者也不与你保持联系）和在一般性的关系方面，你会变得令人难以置信的成功。你占据了道德的高地并首先向他们伸出了友谊之手，首先去宽容和忘记（不论当初吵得多么不可开交都不要紧，法则实践者是不会翻旧账的）。

希望这条准则能帮助我们减缓一些生活压力和紧凑的步调。你必须为那些你身边所能影响的人们抽出你宝贵的时间（抱歉，我也厌恶那种表述）。那些爱你的人们将及时得到回报——它是一个公平的交易。他们爱你，而你也应该给予他们一些你自己的宝贵东西，比如你的时间和你的关心。而且你要欣然地这样做，而不是把它当成一种家务杂事来应付。你要用无私的奉献、承诺和全身心的热情来这样做——否则你就根本不要做。例如，当你一边和你的孩子一起消磨宝贵的时光，而另一边在利用那些时光来赶工作或者读报纸或者准备明天的便当时，那就是毫无意义的。我们必须专心和他们互动，如果我们分心，他们都能感受到，并觉得被欺骗。

所以，当电话铃响，传来母亲、祖母或者你的老朋友的声音时，不要在电话中一边用"嗯"这样的声音来应付，而另一边在搜索网页或写信。你应该要么放下你所有的事情去专心地接电话，要么询问对方是否可以稍后再回电话给他们，请确保你一定会回电。否则，也许有一天他们就不会打电话给你了，而后你会如此急切地希望听到他们的声音。但那时一切都晚了。所以从现在开始，请腾出时间给你最在乎的人。

法则 75　放手让你的孩子犯错吧

我有小孩，我衷心希望他们幸福快乐、健康成长并有所成就。但我是否也为他们藏匿着神秘的计划？我是否希望他们成为医生？律师？外交官？科学家？考古学家？古生物学家？作家？企业家？主教？（别怀疑，总有人会当上主教，所以势必有家长想培育自己的小孩成为主教）宇航员？

不，我没有这么想过，我可以发誓。我从来没有为他们定下目标，也不希望他们听令于我，但是我想说，对于他们看起来有点不同寻常的职业选择我的确会感到失望——那一点都不适合他们。我们必须让孩子自己去犯错，不能一直为他们掌舵，否则他们永远无法从中学习。

你不能一直为他们掌舵，否则他们永远无法从中学习。

而这就是本条法则的精神，你必须给小孩犯错的机会。我们都犯过错。我曾经被给予了极大的自由去犯错，而我也作出了许多惊人之举。结果呢？我相当快地就了解了什么能够起作用而什么不会起作用。我有一个表兄弟，他没有像我一样的自由，相反被更多地保护起来，因此，他过去在任何方面都从未犯过错。而在之后的生活中，他也保持着那样的观点，他用这样一种不适当的方式管理着自己的生活，以至于他所犯的错误真的令人吃惊。我们都会犯错误，那么最好是在年轻时犯错，因为我们还有力量可以重新再来。

父母并不好当，大部分的父母都在犯错中学习。当然父母也有犯错的自由，只不过父母所犯的错可能会让孩子一生都蒙受其害。那就是为什么我们很难漠视孩子作出的不利选择。我们总是想去保护他们，教会他们多一点并使他们远离伤害。但是他们必须通过犯错来学习。如果我们认为他们通过我们的传教就会学会，那么我们就犯了一个大错误。他们必须自己去面对人生并与之相抗争，这才是真实的，并且是他们无法从书本中，从我们的讲述中，或者从电视中所学到的。他们只能亲身尝试失败的痛楚，而我们能做的，就是拿着创可贴和消毒水站在一旁，必要时亲亲他们，让他们觉得好过一些。

　　当然，我们也可以问小孩：你觉得这样做好吗？你彻底全面地考虑过这个吗？你那样做的结果是什么？你能负担得起浪费那么多时间吗？还疼吗？你以前尝试过这样做吗？如果你觉得你朋友也正一步步走向错误，你也可以询问他们这些问题，但别当个扫兴的人，尽量不要让你的问题掺杂过多主观意见，否则他们只会更加顽固地一意孤行。

法则 76　天下无不是的父母

　　这条法则或许与你无关，对我来说，我可以算是无父无母的孤儿，所以应该不会有这方面的问题，但事实并非如此。我成长在一个不完美的家庭，我自幼父亲失踪，而我的母亲又极难相处。我的一些兄弟姐妹和我有着同样的遭遇，但我们处理问题的方法却完全不同。当我有了孩子之后，我发现自己开始更容易接受我的母亲，并且深知那种工作的不易。我也知道一些人很自然地擅长那种工作，而有一些人，坦白地讲，完全不擅长。我的母亲就属于后者，但那是她的错吗？不是的。我应该责备她吗？不会的。我能原谅她吗？这并不是原谅与不原谅的问题。她没有充分的能力，无法从外界得到帮助，也没有任何技术，这样的状况使她生活得极度艰难，所以结果呢？她对自己孩子照顾得很糟糕。然而，宽容和尊重或许能带领我们走出这一切。要知道，我们自己也会在生活中搞砸许多不擅长或令我们毫无兴趣的事情，那我为什么要因为母亲没有做好分内的事而责怪她呢？

我们的父母已经竭尽所能地教育子女了，尽管不一定符合我们的期望，但他们尽力了。如果他们做得不够好，我们也不应该责备他们。我们也同样不可能是完美的父母。

关于我那位失踪的父亲呢？我也理解。因为不论是任何人，都可能作出错误、自私或旁人难以原谅的决定。但事实上我们没有处在那样的环境下，我们不可能知道他们有什么样的不足，是什么原因驱使他们那样去做的，或者他们真正在想些什么。我们不能轻易地对其作出评判，除非我们也不得不作出同样的选择。所以即使我们有能力作出不同的选择，我们也没有任何立场评价或责备对方。

要知道，我们自己也会在生活中搞砸许多不擅长或
令我们毫无兴趣的事情。

父母亲将我们带到这个世界上，我们就应该给予他们基本的尊重

和体谅。如果他们做得很棒，那么就告诉他们；如果你很爱他们
（不是说你必须），也请告诉他们；但如果他们做得不够好，记得原
谅他们，并且继续你的人生。

　　为人子女，你有义务尊重父母，你有责任宽容地对待他们，给予
他们更多的体谅。藉此，我们才有可能超越并升华自身所获得的
教养。

法则 77　放过你的孩子

现在让我们来讨论一下好父母的必要条件是什么——作为父亲或母亲你应该如何扮演好这个角色。首先，让我们来看看这条法则——给你的孩子一次机会意味着应该支持和鼓励你的孩子。事实上，应该是支持和鼓励所有的孩子们，而不仅仅只是你自己的孩子。孩子们往往在这方面的待遇很差，他们在各个方面都受到了限制，"不"这个词充斥着他们大部分的生活。例如，不，你不可以做这个；不，你还太小无法做这些；不，你不可以要那个；不，你不能去那里；不，这不是小孩看的电影。

现在回想一下你是否曾经也是这样。

说"不"很容易，我们总是在不自觉间脱口而出。但是既然要给孩子们支持和鼓励，我们就必须要摒弃这个"不"，我们要尝试着说"是"。当然，我们需要依据孩子们的年龄、技能和发展状况去评判"是"的标准。在响亮地回应了"是"之后，即使我们接着又说"不过现在还不是时候"，或者"等你长大一点"，或者"当你存够钱时"这样的话，小孩同样可以得到正面的激励和帮助。

他们在各个方面都受到了限制，"不"这个词充斥着他们大部分的生活。

父母也常会告诫小孩"你不擅长那个"，或者"如果我是你的话我就不会那样做，这样肯定会失败"。作为父母应该更好地鼓励他们，让他们了解自己有可能会失败，而不是一开始就让他们有失败的想法。我理解父母们都想保护孩子免受伤害、失败和失望。但有时我们应该放下这些顾虑，适时推孩子一把，让他们接受挑战。

真正比较成功的父母会说"放手去做吧，你可以的，你会做得很好，你是最棒的"。通过表达这些积极信号，孩子们会逐渐开始相信自己，他们会尝试得越来越多，也会获取更多的成功。而如果我们只是一味地说"不"，那么小孩将会丧失自尊，变得越来越没有自信。

　　我的一个朋友回忆起她六岁时，就梦想成为一名芭蕾舞演员，而那时她高挑健壮，还有一双并不小巧的脚，这样的身体条件与典型的芭蕾舞演员相去甚远。她的父母那时必定也知道这些，并且本应该告诉她最好去做其他的事情，比如儿童摔跤等。但相反，她的父母把她送进了芭蕾舞训练班。过了没多久，她就开始意识到自己并不适合跳芭蕾舞，她的腿在跳舞时不断受伤，于是她选择了放弃。不管怎样，这是她自己的选择，而且结果并没有伤害到她的自尊心。（现在她唯一希望的是当初跳舞时没有被人拍下照片。）

　　不论小孩想做什么，我们都不应该试图去改变他们，都不应该阻碍他们按照自己的想法前进，都不应该流露出焦虑，都不应该限制他们的希望或者打击他们。父母应该做的是在支持和鼓励的同时给予孩子们指导，父母应该成为他们实现目标的坚强后盾。小孩做不做得到是另外一回事，重要的是他们有没有机会可以去做。

法则 78　绝对不要借钱给他人，除非你已做好不要的准备

这个法则比较完整的说法是：不论是谁向我们借钱，包括朋友、孩子或兄弟姐妹甚至是父母，除非你已经准备好不再要钱或放弃你们的关系，不然就不要借钱给他们。

我记得有一个关于奥斯卡·王尔德（若我记错人了请指正我）的有趣故事。有一次他向朋友借了一本书却忘记归还了。他的朋友找到他并要求他归还那本书，而年轻的奥斯卡却弄丢了那本书。于是他的朋友质问王尔德说："难道你不知道这么做会伤害到我们的友谊吗?"。王尔德回答道："难道你现在不是在做相同的事情吗?"

如果有人向我们借钱或任何东西，除非我们有心理准备拿不回来了（不管是弄丢、遗忘、破损或逾时不还等），要不然就不要借他。

如果我们很珍惜某样东西，那就不该给别借人。

如果我们很珍惜某样东西，那就不该借给别人。如果它对你意义重大，那么请妥善保管它。如果你确实借出了什么东西，包括金钱，那么，如果你还重视友谊或你们之间的关系，就不要期待把它拿回来。而如果你把它拿了回来，那么它便是对你的奖励。如果不是，那么这是你一开始就该料想到的。

许多父母都会犯把钱借给孩子的错误，所以当小孩没有还钱时，他们总落得伤心难过。父母在孩子还小的时候总是会给予他们金钱，而当孩子们刚一长大成人并离开他们进入大学或其他地方时，父母们就突然开始说借钱是一笔债务，并要求孩子们偿还。当然，孩子们并不打算偿还，因为他们并没有在此方面受到教育。因此，期望他们这么做是不现实的。如果他们真的还钱了，感谢苍天并珍惜这笔捡到的财富！

对待朋友也是一样。如果某个东西对你非常重要就不要把它借给别人。这毕竟是你的选择。你没有必要借任何东西给任何人。如果你选择借出，就做好准备不再收回，否则就不要这么做。然而如果金钱对你的意义大于友谊，那么当然你要讨回这笔钱，并且加上应得的利息。

对兄弟姐妹和父母也是这样的，聪明人不会借钱给他们，因为他们永远不可能会还。所以，你可以借钱给谁呢？陌生人吗？当然可以，只是这样一来就更别妄想他们会还钱了！

法则 79 保持沉默

　　我的一位朋友有三个小孩。最近，她告诉我在她有小孩之前，她都不太明白那些有小孩的人跟她说的是什么；她不太相信她们抱怨的累和小孩的一些逻辑问题，她也不太相信小孩那么爱吵嘴，那么不好带；她有时也不太明白她们说的是什么。即使她后来有了两个小孩，她也不太明白那些有超过两个小孩的人跟她说的是什么。现在，她终于明白了，现实跟她想象的真是不一样。

　　你可能会想，如果你有两个小孩，你就会知道有三个小孩的生活是什么样的，但是你不会。事实上，你也无法了解其他有两个和你小孩性别不同的小孩，或两个孩子年龄差距比较大，或收入比较少，或小孩父母工作时间和你不一样的家庭的生活是什么样的。即使表面上看着环境差不多，也会有很大差别。

　　我们都有自己的个性、价值观、优点和缺点。我认识一位寡居的朋友，她不喜欢和恩爱的夫妻交往，那会让她想起她失去了什么。而我另一位寡居的朋友却无所谓和不和恩爱的夫妻交往，因为她不觉得这和她的婚姻有什么关系。无所谓对或错，每个人都有自己的故事和态度。

　　所以，我说的是什么呢？从本质上说，就是不要随便评价。在你认为你知道了别人生活是什么样之前，请离别人一英里远。我母亲有一个孩子，在他还是几周大的时候被别人领养了。在很长一段时间里，我认为这件事情做得太糟了。但当我有了自己的小孩，我意识到我没有权利评价我母亲做得对不对。她当时已经有五个小孩了，她寡居，只有一份收入（在 20 世纪 50 年代，那时候的生活比现在艰辛），她整天工作也没有钱把小孩送到托儿所。在她那样的环境下，我是否会做得更好呢？我无法知道。

　　这条法则并不容易，我不只是说在形成自己的观点之前要仔细思考，我认为因为我们无法评价别人的状况，所以我们要对他们的人生选择保持沉默。即使是我们最近、最亲的人，我们也没有权利告诉他们应该怎么做。对很多人来说，包括我自己，这可能是最困难的法则。

　　回想一下当别人试图告诉你该怎么做的时候，你的感觉是什么样的。如果你知道对你来说什么是正确的，你就不会理解别人说的想法。同样，别人也不理解。即使是你最亲近的家人也无法理解你到底是怎么想的。如果你犯了错误，你也会希望这个错误是自己犯的，并希望从中学到经验。因此我们也要用同样的态度对待别人，很难对不对？但是必须这样做。

　　回想一下当别人试图告诉你该怎么做的时候，你的感觉是什么样的。

法则 80　没有坏孩子

有一句曾经流行于南加利福尼亚并流传至英国的短语，是这么说的："世上只有做坏事的小孩，没有坏小孩。"

坦白说，我很讨厌这句话，甚至逢人就抱怨，因为这是本世纪我听过最恶心的话之一。但我现在必须道歉了，因为我已经接受了它。也许我事实上从未说过"他们是干了坏事的好孩子"，但现在我确实接受了这种观点——这世上是没有坏孩子的。诚然，也许有一些孩子做了坏事，也许有一些孩子做了骇人的事，但他们本质上并不坏。无论我的孩子多么淘气，我都并不认为他们很坏。他们也许不时地会让我按照他们的行为方式爬墙，但当他们睡着的时候你去窥视一下他们，他们简直是天使般的小娃娃，绝对善良，绝对完美。是的，不论他们白天多么调皮，做了多少坏事或多么让我生气，他们的内心仍然像白纸一样纯净。

　　小孩做坏事的唯一理由是，他们在探索这个世界，并且试探着好与坏的界限。他们需要通过犯错以便弄清是非。所以这么做是再正常及自然不过的。

　　相同的逻辑也适用于其他不合理的行为。没有笨孩子，只有笨举止。没有愚蠢的孩子，只有愚蠢的行为。没有恶毒的孩子，只有恶毒的举动。没有自私的孩子，只有自私的行为。

　　小孩不知道怎么做比较好，所以教育、帮助和鼓励他们是父母的责任。如果你一开始就认为他们是坏孩子，那么你一开始就会对他们留下不好的印象。如果你认为他们将会犯错，那么你就错了。我们无法改变一个坏小孩，但我们可以改变不好的行为。如果你相信孩子本质上是好的，那么你的想法便是正确的。父母要做的就是纠正小孩的行为，这才是一个可行的目标。

　　所以千万别对小孩说："你是一个坏孩子。"这句话会深植在小孩心中，它会给孩子的内心带来难以消除的影响。最好的说法应该是："你做了一件调皮的事情"或者"你如此的调皮"。这样他们还能够有所改变。相反地，如果你斥责他们很坏，他们将不可能学好，而且会深受这句话的影响。

我们无法改变一个坏小孩，但我们可以改变不好的
行为。

法则 81 以积极的心态对待身边人

作为一个法则遵守者，应该多多亲近我们所爱的人，停止所有牢骚、中止一切抱怨，也不要再斤斤计较了，这些事不是法则遵守者该做的。从现在开始，你要积极努力，常保心情愉悦，仿佛好事情将不断发生在我们周遭一样。

当有人问我们今天好吗？不要说："还说得过去"或"还凑合"这样的话。你应该回答"很好，好极了"。不论你感到如何不幸，不论你顺利与否，不论你多么消沉和厌倦，你应该知道最有趣的事情是当你说出"好极了"的时候。有趣的是，不管生活过得再不如意，当我们说我们很好时，似乎脑子里接下来就会出现许多正面而积极的想法；但要是我们说自己"差强人意"，那么就会带来许多负面的思考。因此，试着这么做吧，那真的很有用。

　　就从这一刻开始，我希望你成为一个乐观进取的人。为什么呢？
因为总要有人必须这样做，任何人都想这样。因为生活是如此的艰
辛，我们需要有人登高一呼，帮助大家提振士气，并找回以往的欢
乐。那么这个人是谁呢？不就是你吗？

　　我知道，读到这里你一定会想，为什么是我？为何把这个责任让
我承担？因为你能够做到，那就是原因。但是你要默默地做（还记
得法则 1 吗？），而不要搞那些多余的、令人烦恼的事情。这仅仅是一
个简单的想法的改变和方向的改变。从现在起你必须在你所爱的人身
边做到积极向上。当然，我们还是可以跟陌生人抱怨，但要以最好的
方式对待你所爱的人，以最开朗的笑容迎接他们。

我们需要有人登高一呼，帮助大家提振士气，并找
回以往的欢乐。

　　不论遭遇什么挫折，成功的人总是快乐的。比起自己的困难，他
们更关心身边的人的生活、感觉和痛苦。他们总是想知道你出了什么

问题，而非悲叹他们自己的境况。他们总会积极地思考和积极地行动，他们也会对你展现出信心、气魄和热情。

我有一位朋友刚搬到国外居住，所以几乎不懂当地的语言。他说无论何时他只要在那里就会感到情绪高涨，因为他不知道厌倦、悲惨和消沉的话语用当地语言怎么来说。当有人问他怎么样的时候，他只会说"快乐"，因为那是他唯一知道并可以答复的词汇。重要的是，当他这么说时，他真的觉得自己好极了。

法则 82　给孩子一点责任

小孩子总有一天会长大，并离开我们独立生活。他们从一个无助的婴儿变成当你一离开就会和他人发生性关系并酗酒的成熟成年人。解决这个问题的秘诀就是尝试和他们保持同步。我们应该抗拒一切想为他们效劳的冲动，让他们自己去尝试。你应该让他们自己学会煎鸡蛋①或者油漆垃圾箱②。而我们只要努力地跟上他们的步调就可以了。

----

① 这个源自于我的儿子，当他被问到长大成人意味着什么时，他说那就是能够煎鸡蛋，由于那时他不被允许去煎鸡蛋——当时他才 8 岁左右。于是，我让他连续一个月每天早上煎鸡蛋，直到他最终感到厌倦为止。

② 这源自于一个总是对他父亲感到很生气的朋友。当我问他们的关系时，他抱怨说在他还是孩子的时候，他从不被允许去做任何可以帮得上忙的事情。最终有一次当他的父亲在给垃圾箱上油漆时，他做了一些事情来向父亲宣泄不满，因为他想去给予帮助，而他父亲却总说"不用"。为什么呢？那活是不会让他受伤的。为什么那个父亲要亲自来油漆垃圾箱仍然是一个谜。

我们应该抗拒一切想为他们效劳的冲动，让他们自己去尝试。

这么做需要高度的协调能力，我们不能给他们过多的责任使他们无力负荷，但也不能过度溺爱小孩。而当你真正让他们第一次煎鸡蛋或者油漆垃圾箱的时候，他们很可能会弄得一团糟——厨具上都是蛋黄，车库地面上都是油漆。大多数时候正是由于他们会搞得一团糟父母们才说"不，你不行"。但我们谁没有打破过鸡蛋呢，谁不曾把颜料弄得满身都是呢？如果我们希望小孩长大后能独立完成工作，这些都是必经的学习过程。

当小孩还小的时候，他们会学习使用杯子来喝东西，为了怕他们弄翻，我们会拿着纸巾在一旁待命。而在他们成为十几岁的青少年时，我们却已经忘记了把卫生纸藏在身后来等待擦他们溅洒的东西。我们第一次希望他们能够把房屋清理整洁，但他们以前从未做过这个，他们根本不知道该如何去做。他们必须去学习，而在学习过程中不要在乎他们做得如何，以及他们所做的和我们成人所做的有什么区别。我们能做的就是帮助他们，一步步赋予他们责任，并且提供必要的援助。

　　我们总是期待小孩在一开始就把事情做好，要求他们不能把水打翻、不能打破鸡蛋、不能让颜料滴到地上。然而这种期望不切实际，所有成长都是在混乱之中逐渐摸索出来的。

法则 83　孩子需要离开你走出去

你小孩的房间是不是一直都一团乱？房间总是传出震耳欲聋的音乐声令你快要发狂。你们两个都彼此到了忍无可忍的地步。作为一个性情忧郁、喜怒无常并喜欢穿黑色衣服的十几岁青少年的父母，你不知道自己到底哪里出错了。他们表现得如此郁郁寡欢（而当他们的伙伴到来时却能奇迹般地振奋起来），他们总是爱吃东西、粗鲁无礼、唯利是图、令人担忧，并且总是因为你而感到尴尬。于是你责怪自己，认为这都是你的错，因为你对小孩的教育失败？如果你这么想就大错特错了，其实这些都是好事。

看，你的孩子一定要离开你而走出去。如果他们非常爱你，他们将无法放心地离开。我们抚养小孩长大，替他们把屎把尿，让他们衣食无缺并照顾他们生活所需。但是，他们并不想感激你，他们想要离开，去酗酒，去和别人发生性关系，甚至满口污言秽语。他们不再想成为你亲爱的小天使。他们想变得刻薄、大胆、无礼和成熟。他们想自己去发现和探索，自己去解决麻烦。他们想摆脱父母的束缚，然后跑到山头上大喊他们终于自由了。如果他们仍然十分敬畏你，仍然那么依赖你，仍然那样爱你，他们怎么可能会那样做呢？小孩必须不依赖你的帮助才可能破茧而出，当他们再次回到家时会有所成长，而不再是一个小孩。

　　这一切都是这么的自然而然，所以我们应该学会欣赏整个过程，并以喜悦的心情等待小孩回家。照我说应该尽早把他们赶出去，然后他们就都将很快回来了。这时虽然你已不能再替他们梳妆弄发、或者帮他们掖好被子，或者给他们讲故事，但你会发现你有了一个成人朋友，并拥有一段全新的亲子关系。

小孩必须不依赖你的帮助才可能破茧而出，当他们
再次回到家时会有所成长，而不再是一个小孩。

　　如果我们迟迟不让小孩独立，他们只会更埋怨我们。用你个人的情绪绑住小孩会让他们更不想回家，他们也会因为埋怨你而产生罪恶感。

　　除此之外，你也可以跟你小孩说："不要太为难父母亲，亲子关系的改变不只影响到你，也包括我们，给我们一点时间，我们也正努力调整心态，就如同你一样。"

法则 84　接纳孩子的朋友

"噢，不，又是米基·布朗！"每个周六早上，我总会听到我母亲这么吼叫。她打从心底讨厌米基·布朗。为什么呢？我也不知道。我的大多数朋友她都不喜欢，但她特别不喜欢布朗，甚至在他们碰面之前，她就开始不高兴了。

想想看，小孩总会有几个朋友是我们不喜欢的。这是很正常的，容忍它吧。当我们还小的时候，我们总是会被那些和我们不一样的孩子所吸引，这是我们认识问题的一种方式。我们喜欢和非常贫穷的孩子，或者非常富有的孩子做朋友，那是因为我们没有他们那样的经历，我们想知道那是一种什么感觉。我们不排斥和小流氓或天之骄子为伍；我们和不同肤色的人交往；我们和蓬头垢面的小顽童或羞涩内向的小孩做朋友；我们也接纳父母是中产阶级（例如会计师）的小朋友或儿童。

　　不论小孩交了哪些朋友，我们总会有不满意的，虽然这是人的天性，但我们不能那样。我们必须学会支持、鼓励、欢迎和开放。为什么呢？从小孩的交友圈可以看出我们的容忍度，这样很好。它说明我们正在教育他们不要对他人怀有偏见。所以如果他们没有这种想法，我们也不应该有。

　　最有趣的是米基·布朗的父母也不喜欢我。他父母不允许他玩玩具枪，而我总是趁他父母不注意的时候偷偷把玩具枪带入他家。我其实特别不喜欢玩具枪，但我却喜欢替他找一堆麻烦。

从小孩的交友圈可以看出我们的容忍度，这样很好。

　　有一次我为小孩举办一场生日会，并特别邀请他们班上一位严重多动的同学来参加（我们过去常常称他为"野孩子"，但你不能再那样称呼他们了——参见法则87）。当他的父母来找他时，他们都眼含泪水，因为这个可怜的孩子是第一次被邀请来参加生日聚会。为什么呢？他的行为那么坏吗？他只不过是一个小天使，他并没有错。在你看来，他是表里如一的。在随后的几周里，我总是听到孩子们嘀咕"他再也不会来这里了"！严肃地讲，他只是有一点玩过火了并且把他所在的地方弄得很乱，但他所做的比其他孩子少多了。反倒是有个平时看起来乖巧懂事的小孩，竟被我抓到在我靴子里偷藏三明治和果酱。

法则 85　在父母心中我们永远是小孩

我们已经长大了，也不再认为自己是个小孩子。如果我们把车子停放在"亲子停车位"或和父母一同购物，可能会换来异样的眼光。然而不管怎样，我们仍然是父母的小孩。

在你的父母都过世和你开始为人父母之前，可以说，你仍然是个孩子。作为一个法则遵守者，我们有义务对父母礼貌、体贴、有耐心并且不随意忤逆他们。

我们有义务对父母礼貌、体贴、有耐心并且不随意
忤逆他们。

是的，我知道这么做经常令我们受不了，但是从现在起，你应该扮演好子女的角色，并用下述方式对待他们：

- 在他们面前表现出自己最好的一面

- 在他们想或需要时照顾他们

- 在他们不想或不需要的时退后一步

- 当他们唠叨的时候要学会倾听，而不要发脾气或叹息

- 对他们一生辛劳所累积的经验表示尊敬，这些或许对我们有所帮助。如果我们总是不认同，或把他们的话当耳旁风，那我们永远不会学到什么。

- 常常回家或利用书信及电话的方式问候父母，不要让他们觉得你太久没和家里联络

- 不要在你孩子面前对父母恶语相向，要让小孩觉得祖父母是全世界最棒的人

- 当他们来居住时，要用喜悦的心情迎接他们，毫无抱怨地让他们看他们想看的任何电视节目

为什么你要做到这些呢？因为他们给予了你生命，把你养大成人。当然，他们也会犯错，但我们应该原谅他们（参见法则 76）并

无怨无悔。是的，你的确做到了。

　　父母年迈时，往往更需要别人的关心、倾听和重视。所以，我们应该好好对待自己的父母，而且，说不定他们还能当一个称职又免费的保姆！

法则 86　做称职的父母

　　为人父母并非易事，但却非常重要。何谓称职的父母？我们应该怎么做，才能依循这个标准，在生活中努力实践呢？

　　史蒂夫·贝道夫是撰写《培养未来好男人》① 和其他一些有关父母对子女养育方面问题的书的作者，他在最近的一次报刊采访中说作为父母，我们的职责就是让小孩平安长大，直到他们能够独立自主为止。

　　如果我们决心扮演好父母的角色，那么你就像正在签署着一份隐形的合同，合同的内容是尽你所能给予你的孩子最好的东西。这里我

————————————

　　① 培养未来好男人：为何男孩子们与众不同——以及如何帮助他们变成快乐和情绪稳定的男人（Thorsons，2003；Finch，1997）。

并不是专指物质财产。如果我们接受这份契约，我们就应该做好每件好父母都会做的事。例如鼓励孩子、支持他们的决定、仁慈、有耐心、教育他们、对小孩诚实，付出关怀并爱护他们。

在小孩发育阶段，我们要提供最好的营养，让他们接受最好的教育，以激发小孩潜在的天赋和才能。你必须定位于培养他们各方面的兴趣而不仅仅是你所热衷的方面。你必须设定好清晰的边界以便他们知道孰是孰非，什么能做，而什么不能做——而一旦他们逾越了那个界限，便可用明确的、可接受的纪律标准加以约束。你必须随着他们年龄的变化相应地调整监管程度——在年龄相对较小的时候更需要密切地监管。同时，我们也必须给小孩一个温暖而舒适的家，一个不论外头风雨再大，都能向他们提供庇护的避风港。

如果我们接受这份契约，我们就应该做好每件好父母都会做的事。

一个好父母要信念坚定、充满爱心、关怀小孩并对他们负责。你必须为他们做好榜样。你不该做也不该说任何令他们感到你不会为他们骄傲的事情。你必须支持他们、保护他们和确保他们安全。我们也要给他们机会，让他们的想象力得以发挥。如此一来，小孩未来才能富有创造力，并对这个世界充满热情和干劲。

我们要支持小孩，建立他们的自尊，提高他们的自信，令他们知书达理，并能对这个社会有所贡献。而当他们要离巢的时刻到来时，你还必须帮助他们打点行装并一直给予支持，直到他们能够独立地立足于社会（或许那就是翅膀的作用吧！）。

事实上你所要做的也就这么多了。

第四部分
社会法则

不论在工作场合、社区、商店或任何地方，每天我们都要跟人打交道——他们通常对我们来说都是完全陌生的。世界上到处都是与我们相互影响的人。那些小的或者大的影响可能是积极的抑或是消极的。因此，我们需要一套社会关系法则作为指引，尽管这并非金科玉律，却能提醒我们要怎么做。

我们会介绍一些在工作场合中如何与别人共事的法则。毕竟，我们在工作中花费了大量的时间和代价来让我们的事业更加成功，让我们的工作生活更加快乐、更加令人满意、更加多姿多彩和更加愉快，我想那绝不是一件坏事？

社会法则是我们给自己划定的第四个社交圈（第一个是我们自己，第二个是爱人，第三个是家人和朋友，第四个是社会关系）。我们极容易把自己的群体、自己的社会阶层或者任何层次的社会当成是永远正确的、重要的和最佳的。而其实每个社会都会那样。那么，我们如何更好地来善用第四个社交圈以便能容纳来自不同背景、不同种族、不同社会的人，从而让我们感觉到自己属于一个更大的社会群体、属于全人类呢？最好能够容纳得更多，而非把某一个排斥在外。我们能找到任何理由排除异己，划分"我们"和"他们"，然而事实上，所有人不仅是"我们"，同时也是"他们"。

我们应该要学会尊重彼此，否则人们还有什么价值呢？我们必须关心每个人，否则整个事情就将土崩瓦解。无论对方是谁，我们都必须彼此互助，因为如果我们不这样做，那么在我们需要帮助时就不会有人来帮助我们。我们应该率先伸出我们的双手，因为我们是法则实践者。

法则 87　我们是如此类似

　　我有一个不是很知心的朋友，不过也认识很久了。他是一个循规蹈矩的家伙，经营着一家电脑公司，拥有一个家庭。他是个典型的普通男人，朝九晚五，生活规律而单纯，一切都再普通不过。至少他这么认为。

　　他是土生土长的英国人。他过去常常对移民抱有强烈的偏见，并经常抱怨移民数量如此之多。但你总会感觉到他有点言过其实。而不久前他发现自己实际上是被领养的。领养本身并没有什么——到处都是被领养的人——但这使他开始追溯自己的家族历史。是的，你也许已经猜到了。他的亲生父亲是一个外国人。① 然而，虽然他只有一半

——————————

　　①　顺便说一句，这是他说的，不是我。

的英国血统，现在看起来却和一般的英国人没什么两样，有趣吧！

　　如果我们仔细考察一个人的家族历史，你会发现每个人都是来自许许多多不同的社群和种族，没有所谓纯粹的人种。所有的事物都会被融合，以至于我们都不知道自己来自何方。如果追溯到足够远，我们都或多或少会有一点与众不同之处。例如，你知道几乎半数的欧洲人都有成吉思汗的血统吗？成吉思汗的蒙古族！

　　我的意思是，既然我们是人类，都来自同一个大熔炉，我们就不应该任意评判别人。而如果追溯到足够远，我们都是有关系的，没有什么不同的地方。我们必须去接受其他社会，其他文化，即使他们和我们长得完全不同，因为当我们抹去外表的差异时，我们的本质其实是十分相似的。

当我们抹去外表的差异时，我们的本质其实是十分相似的。

我们也许穿着不同的衣服，讲着不同的语言，有着不同的风俗习惯。但是，我们都会恋爱，都想获得别人的一个拥抱，都有家庭，都想获得快乐和成功，都惧怕黑暗，都想活得长久，都想死得其所，都想变得有魅力，都不想变胖、变老或生病。而如果我们穿着西装，或穿着裹身布，或穿着草裙，那又有什么关系呢？而如果当我们因受伤而哭泣，或当我们的胃因饥饿而咕噜作响时，那又有什么区别呢？虽然我们的外表如此不同，然而这些都能在转瞬间化为无形，因为我们同样都是善良又可爱的人类，不是吗？

法则 88 学会宽容

要生气很简单，因为别人激怒就反唇相讥或咒骂对方也不是难事，而学会宽容却并不那么容易。在这里，我并不是说要学会容忍退让或类似那样的事情，而是说要学会从对方的角度去看待事物，并且宽容他们。

最近在假期里我经历了一件事情，我偶然看见一位全身湿漉漉的骑脚踏车的人在大街上咒骂，因为他认为有人（当然不是我）驾车距他如此之近并差点导致他跌入壕沟。他于是开始破口大骂，表现得非常粗鲁。我试图代表受他谩骂的人同他理论，而他却也开始对我进行谩骂，同时对我晃动着拳头骑车而去，为此他差点翻车。我在心中苦笑着，并宽容了他。这么做不是因为任何宗教信仰，只是我觉得他只是选错了日子出游罢了。

很明显，他认为假日骑车出游是一件非常有趣的事，而事实上旅程到处都是山坡。下雨天骑在崎岖的山路上，他肯定全身湿透、筋疲力尽、身体酸痛还有满肚子火。我怎能不宽容他呢？如果是我愚蠢地选择了这样的假期，我可能也会变得脾气暴躁，随时准备打一场架，我也会感到厌倦和易怒。我为他感到难过，并且能够体会到他的很多不开心。是的，他错误地使用了脏话——特别是在孩子们面前。是的，他准备好了打一场架，并且表现得非常嚣张。但那个所谓的他也有可能是我，或是你，或是处在那种冰冷、潮湿和可悲情境的任何人。毕竟，如果我们也搞砸了一个周末假日，试问又有多少人能保持风度呢？

学会宽容并不意味着我们要任人摆布，或屈服于一切不合理的要求。我们可以坚持到底并说："抱歉，我没必要那样做。"但是，我们也可以试着学会去宽容，因为我们可以从他们的角度来审视问题。也许那句话是说容忍性的而非宽容性。但无论是什么，我们不要误解宽容，或者是容忍，或者是其他谦恭之词。当为那个可怜的人感到难过时，我们仍然可以说"不要说脏话，请带着你湿透的脚踏车和不成熟的心态离开这里"等之类的话语。毕竟从这件事情看，他也只不过是个耍性子的成年人罢了。

　　请记住，当你遇到任何一个来者不善的人时，他们很有可能在遇到你之前，就已经碰到许多糟糕至极的事情了。

　　学会宽容并不意味着我们要任人摆布。

法则 89　乐于助人

我前面提到过，也许某人是因为一天过得并不愉快，才会以暴躁易怒的态度对待我们。让我们假定那天一切都非常顺利，并让我们向周围的人表达出一些善意，而后，也许，仅仅是也许，那个狂热的骑车者就不会再如此暴躁、如此谩骂和如此挑衅了。可能那天大家对他都不友善，也可能大家对他不友善已经很久了。不论如何，这些都是我们的过失，如果我们可以对他好一点，他就不会把自己的郁闷发泄到其他人身上。

因此，不要吝啬伸出你的援手，亲切地对待每个人吧！一旦我们习惯这么做，一切就会变得更单纯，这会成为条件反射。于是，你的第一反应会变成"没问题，我教你"，而不是"我很忙，你可以问别人吗？"

在工作中试着这么做，你的名声和工作效率很可能因而改变。成为一个乐于助人的人并不会让别人觉得你是个容易被左右的人。事实上恰恰相反。

当你看到别人遇上困难时，即使只是分装货物到后备箱这种微不足道的小事，你也可以上前问对方是否需要帮忙？如果他们需要帮忙他们会告诉你；如果他们不需要，至少你试过了，而这才是最重要的。

每天，我们都应该为他人设想，率先给对方一个微笑，要关注别人在什么方面需要帮助，而不是匆匆而过。我们要试着从他们的角度来审视问题，如果他们陷入困难，我们就应该表示出同情——而你没必要去帮助他们解决所有问题。请在百忙之中尽力确保你周围的人都安然无恙，对陌生人亦是如此。如果我们能适时地对陌生人投以亲切的微笑，那么这个世界将会变得越来越祥和。

每天，我们都应该为他人设想。

法则 90　创造双赢空间

　　无论在工作和生活中，我们都渴望成功。成功令我们快乐，没有人喜欢失败，也没有人天生注定是失败者。我们常常会认为如果我们获胜，那么别人，我们身边的某人将必然会失败。但是，并不尽然。

　　一位聪明的法则实践者总能衡量情势，评估："对方需要的是什么?"如果我们知道对方想要什么，我们就能主导局面，获得所需资源，并让对方也能从中获得些什么。创造双赢空间经常可以应用在职场上，且对于人际关系或生活中的任何情况也一概适用。

　　退一步冷静地想一想，让自己从局外人的角度观察整件事情，你就能了解对方可能需要些什么。这么一来，你不会再以狭隘的眼光区分"自己"和"他人"，也不会再有除非对方让步我们才能取胜的错误观念。

我们获得所需资源，并让对方也能从中获得些什么。

　　和能够实现这条法则的人共事是一种美好的经验——人们都期待和这样的人共事，因为彼此能够互助合作并相互理解。一旦你学会了如何去试探他人的"底线"，你将在谈判中应对自如，并获得更好的名声和更多的支持，而这会是我们的另一项收获。

　　双赢的策略不仅能在工作场合奏效，对于家庭也同样管用。如果你们正在讨论假期去哪里度假，而你急切地想要去法国骑马，就请想一想"这对他们有什么意义？"——那样的假期会让他们开心吗？强调哪些方面很可能会让他们同意你的建议。如果你想尽力想出一些吸引他们的东西，你就需要更广泛地去思考——也许当他们去钓鱼或航海的时候你可以找个地方去骑马。现在你已经知道这个法则是如何运用的了。你要问自己"对方需要的是什么？"，那么你才能够自己权衡整个情况。

　　当一个好父母有时也需要这项法则。如果你完全不顾虑小孩的感受，一味要求小孩遵守规定，那么他们将会变得叛逆，或者至少变得令你感到难以对付。请再次问问自己"对方需要的是什么?"，而后你就能体谅他们的处境并会把事情处理得更好，从而达到双赢。

如果你想在生活、工作和人际中都能获得成功，你就必须区分以下两种人：第一类是对我们有正面助益的人，这些人往往积极面对人生、拥有充沛不绝的能力和热情、勇敢做自己想做的事情，并让人感受到生命的美好；第二类是那些抱怨者，他们会使你变得消极。如果我们希望拥有快乐而又充实的人生，就应该对第二种人敬而远之。

因此，尽量接近那些聪明而又积极的人吧！我的意思是指那些认为生活是一场刺激性挑战的人们值得交往，那些观点有趣、令你感到谈话投机、喜欢讲述和建议积极事物而非一味抱怨的人们值得交往。这些人不会处处刁难别人，他们遇见你只会说："噢！你看起来好极了！"

先前我们谈到了把不需要的东西清理出你的生活（参见法则

46）。而现在到了清一清闲杂人群的时候了（嗯，这话听起来极像洛杉矶的风格）。① 让我们来看一看你打交道的人们吧！

哪些人让你觉得：

- 看到他们就充满活力？

- 让我们有勇气面对任何挑战？

- 让你开怀大笑并感觉良好？

- 支持你、帮助你和鼓励你？

- 用新的思想、理念和方向激发你？

而哪些人又在：

- 让你见到他们就提不起劲？

- 让你感到生气、沮丧或吹毛求疵？

- 看不起你的主意并不断泼冷水？

- 很随便地对待我们？

- 让我们觉得自己永远成不了事？

请与第一种人交往，远离第二种人，除非他们只是一时的情绪低

---

① 如果本书在洛杉矶销售，那么我的意思完全是指其他地方。

迷（而我们都会有不顺利的时候）。开始吧！就这样做吧！但你可能会说那样无情地把朋友排斥掉是多么的残忍。我认为是这样的，但我希望我的朋友们不要再抱怨。如果我发现自己总是在抱怨，我会主动远离我的朋友们。我们没道理跟那些令你觉得不舒服的人在一块，除非我们天生是个受虐狂，你说是吗？

我们没道理跟那些令你觉得不舒服的人在一块。

法则 92　分享你的时间和知识

随着年纪渐增，我们虽然不一定能变得更具智慧（参见法则2），但肯定可以学会更多事情。其中一些东西将会对别人很重要，通常是年轻人，但并非总是如此。请与他们分享你所知道的，而不是吝于付出你手边的资讯以及时间。还有什么事情比和他人分享更有意义呢？

如果你有某种特殊的才能或技巧，请将它传递下去。我的意思并不是说你必须把你所有的傍晚空闲时间都耗费在青年中心，苦口婆心地教育那些小混混你所知道的事情。

但如果有机会，请不要吝啬这么做。最近我被邀请去给一群六岁的孩子讲演，题目是"怎样当一个作家"。起初我认为："我并不是作家，我也可能刚刚是一名合格的写作者而已，而且仅仅是刚刚。"而作家对我而言听起来太庄重、太虚幻、太成熟。我到底该对六岁的

孩子如何讲述我谋生的过程呢？牢记着我自己的法则，我热情、欣然
地接受了邀请并前往赴约。我得说那天早上是我在相当长的时间中度
过的最美好的一个早上。那些孩子表现得如此之棒，他们提出了很好
的问题，聚精会神地听讲，以成人的方式进行交谈，并且他们表现得
非常热心、感兴趣、举止优雅和不可思议。如果我要拒绝这次的讲
演，那是很容易的事，但这么一来我就永远不会知道自己也能鼓励他
人，并在他们的心中激荡起花火与勇气。

　　这条准则特别适用于工作中。人们通常会认为如果我能拥有其他
人没有的资源，就能占尽优势。一旦有了知识就是力量的念头，紧抓
着资讯不放也就显得理所当然了。但实际上，生活中的成功人士总是
很注意把他们所知道的知识传授给他人，去唤醒他人的意识。因为如
果他们不这么做，该怎么更换血液呢？如果一个人总是认为别人无法
取代自己，那么只会让他在现有的职务上动弹不得了。

　　如果我们不将自己的才华与技能交给下一个人，那么拥有这些又
有什么用？你拥有多大的秘密使得你必须对其有所保留呢？或者是因
为你的懒惰？成功的法则遵守者会经常说好，因为通过传授知识他们
会更多地增加自己的经验。而它是真正有用的。不要认为你所知道的

对他人毫无用处。我确信事实恰恰相反。因为一旦你同意我的观点，你就将比那些反对我的观点的人更进一步。这些会让你显得更重要、成功、果断并且慷慨，也会让人家觉得我们是这么地特别。

如果你有某种特殊的才能或技巧，请将它传递下去。

法则 93　积极投身社会

　　参与什么呢？任何事都可以（几乎是每一件事）。我想我的意思是你要关心自己的社会。不要仅仅在电视上关注它，而是要亲临那里与其接触。太多人是通过那个小屏幕来学习他人是如何生活的，或者甚至是在现实生活中把了解他人的私生活当成自己生活的一部分（谣言通常会使他们感到开心）。外面有一个更为广阔的世界，那里充满生命、充满活力、充满能量、充满经验、充满动力、充满刺激。参与的意思就是亲临那里并成为其中的一分子。亲临那里并弄清它所有的内涵以及运作机理。虽然躲在家里看电视既温暖又舒适，走出家门则需要面对严峻和冷酷的现实，但唯有这么做，我们才能知道自己还活着。

　　人们总是在年龄渐长以后抱怨人生的短暂，但我的经验却是我们越多地在外工作，时间将看起来似乎越长。因此如果我们只是对着电视机发呆，那么无数个夜晚就会从我们眼前凭空消失。

参与意味着合作，并且能在自己的角色上有所贡献，而不是站在一旁看着别人摆布自己的生活。参与意味着卷起你的袖子，以自己沾满污泥的双手体验真实的人生。参与意味着提供帮助、积极主动、将理论兴趣努力付诸实践、亲临那里同人们交谈。参与意味着要带给人们欢乐，而且是真正的欢乐，并不是看电视获得的那种欢乐。参与就是希望在自己的帮助下，别人能够因此感激并更懂得享受人生。

参与意味着卷起你的袖子，以自己沾满污泥的双手体验真实的人生。

我注意到成功人士——我必须再次强调，这里的成功并非财富或地位，而是满足与快乐——都有自己的兴趣，虽然这些并不会带给他们任何名利。他们总是做些事情来令人开心，来帮助和鼓励他人。他们通常会花时间做这些事情，而非整天痴痴地守在电视机前面。

这些成功人士会化身为志愿者、导师、校领导、地方商业顾问、慈善事业工作者等。他们会加入各种社团、协会和俱乐部。他们会亲临那里并给人们带去欢乐。他们让自己在那里发挥作用或者和他人一起分享乐趣。他们会去学习那些令人感到荒唐的晚班课程。他们也许会因之而自嘲。虽然有时候他们可能希望自己从未如此参与，但他们依然会去做，认真地扮演好世界的一分子。

法则 94　保持高尚的道德

这是一个知易行难的法则，尽管如此，它仍然值得我们努力尝试。它需要一种简单的视角转变，要从那种习惯按照既定方式行事的人变成那种以不同方式行事的人。一旦我们这么做，不论生活多么艰苦，我们都不会：

- 报复他人
- 做坏事
- 暴怒
- 伤害他人
- 轻举妄动
- 莽撞行事
- 挑衅他人

　　这些只是最低的限度，不论何时，你都应该保持高道德标准。不管别人如何对你挑衅，你都要表现得诚实、高雅、和善、宽容、谨慎等等。不管你面对多么大的挑战，不管他们表现得多么不公正，也不管他们的行为多么恶劣，你都不会对他们进行报复，你都会继续保持友好、文明和高尚的道德，你的举止会无可挑剔，你的言语也会庄重而得体。无论对方说了什么或做了什么，我们都不应该逾越这条法则。

　　当然，有时候这真的很难。当他人变得不可理喻时，你还是应该谨守分寸，不要说出情绪化的语言，毕竟那真的很伤人。当他人对你表现得不友善时，你很自然会想起报复和反击，但千万不要这样。一旦你撑过了这段最难熬的时间，我们将会为自己感到骄傲，因为我们保持了高尚的道德，而那样的感觉将比报复的快感要好上几千倍。

　　我知道报复的感觉很痛快，但你不应该这么做，永远也不应该。为什么呢？因为如果你那样做了，你将会和他们沦为一类，你将会变成一个魔鬼，而不是天使（参见法则 9）。因为它将会贬低你自己的身份而且你将会后悔不已。最后还因为如果你那样做了，那么你就不再是法则遵守者了。报复是失败者的伎俩。保持高尚的道德才是唯一

的正道。这并不是说我们就应该当个弱者或是懦夫，而是我们所做的
每一件事都应该是诚实、纯洁而又富有格调的。

**保持高尚的道德将比你报复的快感要好上几
千倍。**

法则 95　不能强加于人

在学生时代，我有一位同学家庭条件相对来说比较贫困，当然这只是与我们学校的其他同学相比，实际上，与这个地球上的很多人比起来，他家的境况也没那么不好。这也是他最后在市里找了一个很赚钱的工作的原因。现在，他生活得相当舒适，比很多同学的境况都要好。但他在钱方面非常地在意，如果知道有谁工作没有他努力，但赚钱却不少时，他会非常生气，有时对同学也非常刻薄，例如，"你能负担得起去巴哈马度假一个月，别人不一定能。"，虽然这是事实，但只有他会说出来。

你看，每个人都有需要去解决的问题，无论现在还是过去。你不能因为别人没有经历过你所承受的，就恶语相向。也许你有很糟糕的童年，或你很穷，或婚姻不幸福，或没得到你想要的工作，或因为过敏不能养狗——无论你的难题是大是小，关键是这不是别人的错。你无法知道你的朋友在他的生活中需要如何奋斗，或他未来会如何，也许他们活得不比你容易。

如果你到哪里都让你的朋友为他们得到的一切又容易又好而感到内疚，那你也不会有什么朋友了。接着你是不是要对那些朋友比你多的人表达你的愤怒？也许你不会——但有人会。是否还有别的选择呢？你是否会期望你的朋友童年不幸、贫穷、婚姻不幸、被裁员或因为过敏无法养狗呢？我希望你不要这样。如果你努力为自己创造好的生活，你也会想看到别人都好、都快乐。所以，每当你看到努力生活的人，你应该非常高兴。

我不想对那些生活困难的人表现得冷漠无情。当然我也不会那样，越尖酸刻薄，你的生活就会越糟。对那些没经历过你所承受的苦难的人，你应该为他们感到高兴。

我的那位同学，也许他出生在贫穷的家庭，但他天资聪颖，这也是他考上牛津大学并得到理想工作的原因。但他是否对那些生来就没他聪明的人感到内疚呢？当然他从来没有过。但我敢打赌有很多人嫉妒我这位同学取得了成功，而他们自己却没有。天啊，这个世界上有多少不必要的怨恨啊，让我们远离这种行为吧！

越尖酸刻薄，你的生活越糟。

法则 96　将自己和别人比较

你看到的不是这本书的第一版①，在第一版中（这一版也是），我邀请读者写信告诉我他们的法则。有一条法则我不太同意，这条法则来自一位 16 岁的印度中学生。我提到这条法则的原因有两点：一是这条法则告诉我们要活到老学到老；二是这条法则来自一位正在接受正规教育，希望从别人那里学到东西的人。这条法则需要一定程度的谦卑，这点我们都可以做到（是的，我可以做到）。

人们经常告诉我们不要和别人比较。关于这个问题的争论是：如果我们觉得自己很好，那会显得傲慢；如果我们觉得自己很差，又会显得消极。每个人都是不同的个体，这样比较并不科学。但是，当你

---

① 不要担心，你没有错过任何有益的内容，这一版内容更多更好。

工作时，你会不断地为自己设定工作目标，这才是正确的选择。实际上，在生活中，我们也应该为自己设定目标（法则 29）。这不但适用于我们的计划，还适用于我们的行为和发展前途。

　　没有人是完美的——这我们都知道。我们都希望自己更有耐心、更温和、更有耐力、更努力工作，有更好的父母或消费更理性。但多少是多呢？为自己设定目标的最好方法是选择一位自己尊敬的人做标准，"我要像××那样有条理"或"我要像××那样冷静"。你看，你可以用一种积极的方式将自己与别人比较。这样你可以意识到还有多少工作要做，并且认识到这个目标是可以达成的。你没有必要告诉他们你将他们当做偶像，当然如果有帮助的话，你可以听听他们的意见。

　　你可能会觉得总和比自己厉害的人比会很沮丧。但是，我这位16 岁的朋友非常智慧地指出，一位很好，另一位更好。这里没有人很差，当你很诚实地面对自己是否还有改进空间这个问题时，你还会得到额外的表彰，然后努力地去达成你的目标。

　　当你 16 岁时，有时你很自然地将周围的人当做老师。很遗憾的是，长大以后我们就失去这种态度。如果我们周围都是优秀的、积极的人，我们会是什么感觉，如果不能从他们身上学到一些优点是不是会感觉很遗憾？这是我们打败第 2 条法则的好机会。①

你会意识到还有多少工作要做，并且认识到这个目标是可以达成的。

---

① 你的意思是你没有用心学？法则 2 是"成长了也不一定更聪明"。

法则 97　做好你的职业生涯发展规划

　　你工作的发展方向是什么？你有任何计划或目标吗？即使再简单的规划都好，你有吗？如果你没有，那你注定要浑浑噩噩过日子。而如果你有一个规划，你将为实现你的发展目标而获得一个更好的机会。知道了自己的发展方向你将有 90% 的把握赢得那场人生的战斗。了解自己想要些什么，需要我们坐下来冷静地思考，自己未来需要些什么，并且将注意力集中在这件事情上面。

　　当你展望未来并作出决定之后（这个过程本身就没有对错，我们可以尽情展现自己的决心和斗志），你便可以制定具体的步骤来实现自己的目标。而一旦你定好了那些步骤，你也可以制订实现每一步的详细具体计划。你需要去接受更多的教育吗？你需要更多的经验吗？你需要改变工作吗？你需要改变你的工作方式吗？请记住，不论你规划了什么，这些都是你必须逐一达成的，千万不要因循懈怠，也不要被常规所束缚。

　　然而我们都必须工作以赚取生活所需，因为坐在家里看电视并不是一个好主意。工作可以使你的思想保持健康和活跃，并使你能和他人保持联系，而且工作也会在每天都提出新的挑战。信不信由你，有工作会比没工作好很多。

　　当一个人欠缺计划，他可能停在任何地方。有些人或许会觉得这么做很刺激，但我仍然不相信很多人仅仅是因为偶然才会失败的观点。你必须要有意识地去努力工作，而做好规划则是那种有意识努力的一个部分。我知道机遇在一些人的生活中发挥着很重要的作用，但那只是对极少数人而言的。然而，在制订计划并努力实现的同时，我们还是可以期待好运降临，而当运气来临时，我们可以随时抛开目前的计划，继续迈向下一个阶段。

　　坐在家里看电视并不是一个好主意。

　　如果你目前没有计划或想实现的目标，那么你可能深陷在一个沮

丧而又没有生气的恶性循环之中。成功人士总是十分进取——而当他
们天生不具备时，他们会人为地去创造。即便只是一个塑造出来的愿
景都好，因为这么做可以令他们精力充沛。试试看，这种方法很
有效。

法则 98　要考虑你生活中所作所为的长远影响

　　只是一味地工作而不去思考我们究竟在做什么，以及这样做会有怎样的后果，这种态度已经不再是安全、有责任心和合乎道德的表现了。我并不会质问你在做些什么，那完全是你自己的选择。作为一个作家，我很清楚因为我的写作需要用纸而会使很多秀美的树木早早地死掉，但另一方面，与之相平衡的是我写作所带来的正面效应（我希望如此），以及由于我的写作而使一些人得以被雇佣。然而，我却无法左右他们的工作条件，所以我对之释然了。我该这样做吗？

**　　作为一个作家，我很清楚因为我的写作需要用纸而会使很多秀美的树木早早地死掉。**

　　我所作所为的影响是那些被砍掉的树，在办公室中用的电，运货车把书运到一家家书店所排放的废气，坐在那里随手给一些小文章起名字，这些都会使树木早早地枯死。你又做了什么呢？最近有没有处理任何有害的废物？或者研发了某个导航系统？或者砍伐了整片热带雨林？你的工作是否为人们提供了必要的服务或产品？它使人们感到更高兴、更富有或者更成功了吗？

　　我们生活中的所作所为会产生影响。我们可能在一个充满污染、有损健康、令人生厌的行业里工作。我们也可能正在通过努力工作来帮助他人，来积极地惠及他人。而知道了我们所做的事情会产生一种影响——无论是好是坏——并不意味着我们必须立即放弃一切和改变目前的工作。当然也不意味着我们可以仅仅因为做了一份有益的工作而心安理得地去放松休息。

　　每一份工作，每一个行业都会产生一些好的和坏的影响。我们在工作中所做的每件事都可能会带来益处，也可能会造成伤害。所以，我们必须对之加以权衡，并且搞清楚自己到底是怎样的感受。如果我们不开心的话，我们可以选择离开，但却不要草率地决定，因为我们还有很大的可能从内部来改变一些事情。

　　我曾经在一个行业工作了一段时间，在那儿我意识到有些事情是有点难以预料的，于是我问自己："如果媒体知道了这些，那我们会怎么样？"我不是在揭发或反对任何人，我只不过问问而已。但这确实引起了大家对事实的关注，即现在所发生的只是事情的一个方面而已。也许你也会这么做，或者你可以慢慢地、平静地利用自己的影响和你所能采取的行动来把事情变得更好一些。

法则 99　做好本职工作

　　我们在工作中的表现会对同事产生影响。我们需要一些标准——
并且要遵守它们。我们必须做到遵守道德、大方得体、正直并诚实可
靠。而这里有一些其他的方法能够同时帮助你获得极大的成功。

　　我们必须做到遵守道德、大方得体、正直并诚实
可靠。

　　重视你的工作，并在能力范围内将它做好。不要老站着不动，而
要时时刻刻地学习，保持你的知识处在行业的前沿并了解行业的新发
展。如果有必要，多花一点时间在工作上，但不要日夜埋头工作，随

和而亲切的态度将替你赢得更多尊敬。

● 寻求能让大家一同变好的机会，不要独善其身。站在"我们"的角度思考问题而不只是"我"的角度。我们都是团队的一分子，所以应该有效扮演好各自的角色。

● 试着在你周遭散播欢乐，而不是逢人就恶语相向。支持处于劣势地位的人，赞美他人并对其保持诚恳，不要沉溺于流言或闲聊。保留你自己的意见并且学会淡然处之，这么做会有利于你的提升。

● 穿着得体，并试着给人良好的印象。在工作中要保持高标准来严格要求自己。不要在工作中打瞌睡或偷懒或谈情说爱。我们是去工作，那就好好工作。

● 试着对新同事友善一些，我们以前也像他们一样不知所措。给他们一次改过的机会吧。通过实例鼓励他们。为那些资历较浅的员工作出表率。试着站在老板的立场思考，并从公司的利益角度来看待事情。

● 了解公司的政治生态，但不要卷入其中。要好好利用它们，让它们成为自己的助力。不要害怕在人前毛遂自荐或自告奋勇（只要你知道自己在自愿做什么即可）。懒惰的人是得不到称赞的。以高品质的工作效率为荣。

- 了解自己的能力范围，懂得何时应该说"不"，并且断然地拒绝。不要让任何人利用你的善良性情。立场要坚定，但不要咄咄逼人。
- 享受所选择的，对工作随时保持热情，并享受工作的乐趣！

法则 100 要知道你正在做的事情的危害

这条法则不是要我们去做什么事,它只是让我们能自觉地评估自己可能对环境和世界构成什么影响,并判断其利弊得失。你应该根据这种评估来选择改变你要做的事情。或者你也可以不必改变,也可以对此不屑一顾,或者认为自己已经够环保了,不需要再多做些什么。

为什么我说"不去做任何事呢?"我们都很容易在没有掌握眼前的一切事实的时候就鲁莽行事。你需要了解你正在进行的那些改变是否会使得事情变得更好抑或是更糟。例如,当我最小的孩子出生时,我十分关注那些关于免洗尿布的危害的报道。实际上,它们需要大约500 年才会被降解掉。可我同样也关注那些毛圈尿布,清洗它们需要用大量的水、电和肥皂等等。而有些人会说它们对环境都不好。不论如何,我必须选择其中的一种,要不然倒霉的将会是我家的地毯……

因此，我们可能要考虑自己要开哪一种车子，使用哪一种暖气，如何抵达你度假的目的地（搭乘飞机对环境绝对不是一种环保的选项），某些东西是否能循环利用，是否有人可以用你不愿用的东西。我把这些细节全留给你自己去解决（但愿我不用拉着每个人对他们说这些事），重点是如果我们能在这些事情上多一点自觉，并试着把自己对环境的伤害降到最低，那么这个世界将会更加美好。

本书中的其他所有法则都应该建立在这条法则之上，即我们需要细心一点过生活，清醒地意识到我们正在做什么，以及我们对周围环境和他人所带来的影响。我们不需要做一个圣人，我们只要停下来好好想想。

我们不需要做一个圣人，我们只要停下来好好想想。

我认为我们都不能再自恃聪明了，并且该十分认真地考虑一下我们所作所为造成的影响了。而一旦我们考虑到这一点，我们很可能会开始作出一些转变来改善目前的情况。如果每个人都能这么做，那么我们的未来将会大有不同。

法则 101　　向上提升，而非向下堕落

我们的工作可以替全人类带来福祉，也能令整个世界走向腐化。莎士比亚选择了前者，而那些出售强效可卡因的地方就只有堕落。在一个温暖的夏日下午举办乡村游园会是一种荣耀，而去偷取别人的钱包却是一种堕落。当然，我们不必这么教条。一次慈善性质的跳伞活动也是光荣的，而色情文学却是堕落——但色情电影却不一定是堕落。那么现在你了解两者之间的差别了吗？

因此，那些能丰富我们的人生、让我们更有动力追求完美，以及任何可以提高自我、挑战自我、能替人生带来乐趣、能提升自我并将我们带向光明面的事情，都是有助于全人类福祉的活动。

你正在做的事情属于哪一种呢？是为了荣誉而奋斗还是走向堕落？当然应该为了荣誉而奋斗。可我所担心的是你会认为这就是做好事的全部内涵并因此承受巨大的压力。因为在我们的成长过程中，我们总被告知做善事是一件愚蠢和无趣的事，做善事的人被看做是逆来顺受和优柔寡断的人，被看做是有着不可告人的秘密的人，被看做是伪善的人。做善事目前尚未广为流行。就像是一个学生如果要当个好学生就会被大家欺负，而在公司里如果你想当好员工，大家会戏谑你为老板的哈巴狗一样。

你只要下定决心追求提升就可以了，什么都不必说。

事实上，当个好人或追求群体福祉是一件私人的事，我们不必告诉任何人。如果你默默地去做，那么你就做对了；如果你到处吹嘘，那么你就成了一个道学先生；如果你想影响他人并使他们去做善事，那么你就成了一个不切实际的社会改革家。因此，你只要下定决心追求提升就可以了，什么都不必说。

法则 102　解决问题而不是制造问题

　　这个法则不是只要你做个好人，这是关于一些积极的、值得肯定的行为的问题。想想看，要是每个人都袖手旁观，我们所居住的美丽的星球将会走向万劫不复的深渊。我曾读过一则报道，文章指出，如果我们再继续恣意妄为下去，复活节岛的景象就是我们未来的写照。

**　　想想看，要是每个人都袖手旁观，我们所居住的美丽的星球将会走向万劫不复的深渊。**

　　大概 500 年前复活节岛被波利尼西亚人占据。① 他们发现了一个

_____

　　①　如果我把事实弄错了，请不要联系我——它只是一种比喻而已。

有着大量的野生动物并且被茂密的树木覆盖的岛屿。仅仅短短几年内，他们就几乎吃光了岛上的野生动物并伐光了所有的树木。河水也被他们污染了，他们走到了濒临灭绝的边缘。所幸，最后还是靠着旅游观光业挽救了这个岛屿。

地球可不会有来自外星的观光客，没有人会来解救我们。我们现在必须开始去参与解决问题，要停止继续增加蓄意的破坏，并停止制造新的问题。当我们勇敢地站出来并开始做一些有意义的事情的时候，我们便开始解决问题了。当我们不再说"这不是我的事情"或"我管不着"时，我们就已经在停止制造一些问题了。来吧，我们必须现在就停止那些无意义的事情，否则有一天地球终将沦为外星人专用的动物园或游乐场。（况且外星人也根本不会来）

这条法则是在提醒每个人亲自去寻找解决问题的办法。我们必须参与进去，找到解决办法，采取行动，去解决它。如果你想让你的生活感觉更美好、更成功、更有价值，你就必须重新开始，为这个地球做点事。我们欠这个地球太多了，我们应该做些回馈，以表达我们对这个家园的爱护，以及希望它变得更好的决心。

法则 103　历史将如何评价我们

　　你有没有想过，历史将会给我们什么评价？你认为在你死后人们会怎样评价你呢？我并不是说在你的墓碑上将会写下什么，而是指一些大到世界性的记录。就个人而言，我并不认为我会在历史上留下一点脚注，如果我有幸可以，我希望历史会记下我曾来过并努力做过一些有意义的事情。我也希望历史会记下我始终坚持我的信仰，我勇敢地面对困难并坚定地维护我的权利。我希望历史或许也会这样说，我能够摆脱束缚勇于前进——这就足够了。

　　我的朋友，你是怎么想的呢？你觉得历史将如何评价你呢？你又希望历史如何评价你呢？这两者间有差距吗？你能消除它吗？你必须做什么才能弥合那种差距？想想历史会怎么评价你，以及你生平的行为举止。

如果我们想做得成功一些，就必须关注自己将替后代留下什么样的世界。还记得 20 世纪 70 年代非常风行的那些关于自力更生的书吗？① 人们共同持有的一个重要的观点是假如有一块地，你就要比前人更充分地去利用它。对于全世界而言也是这样。我们必须要在离开这个世界之前有意识地努力去改善它。我们必须对自己拥有的任何东西负责，并在有生之年尽可能地妥善运用它。

你能想象这些画面吗？有一天你指着那些被污染的海洋、干涸的河流和融化的冰川，对我们的后代说："有一天所有的这些将会属于你们——很抱歉我们曾做过的一切。"我想他们一定会对我们有点生气的。在历史的洪流中，我们就像白蚁一样不停地带来破坏、污染以及屠杀，一再上演这种丑恶的戏码。从个人的角度来说，我们应该去做些改变，并且必须要去做些改变，我们得给历史一个合理的交代。

而现在的问题是有许多人不打算改变，因为他们不认为自己有什么责任。在没有人监管的情况下，他们认为自己可以逍遥法外。只是别忘了，历史将忠诚地记录这一切。

---

① 是的，我也怀有那种梦想，想移居到了乡村去生产酸牛奶，我穿着拖鞋，吃着小扁豆。但这没有持续多久，因为它并不适合我。

我们就像白蚁一样不停地带来破坏、污染以及屠杀。

法则 104　环保并非一蹴而就

　　我听说有个家伙发明了一种能够一边走路一边给手机充电的鞋子。① 真是太神奇了！我想要一双那样的鞋，但是它们看起来像是褶皱的步行靴——专为那些无法使用充电设备的地区的人们设计的，比如丛林和沙漠地区。当他们在牛津生产时，我会去买一双。但并非所有的东西都是环保的，也不是所有人都像我们所想的那样有环保概念。

　　不是所有人都像我们所想的那样有环保概念。

---

　　①　总雷弗·贝利斯，他也发明了发条式收音机。

不过我们不应再抱怨世界为什么会这样，而是要想一想该怎样做比较好。现在我将给你一个小小的免责条款。那就是并非所有的东西都是环保的，它们肯定会有一些副产品，肯定会造成一些污染和一些危害。我们人类数量庞大——生活在这个星球上的数十亿的人必定会产生一些影响——而我们又必须要生存下去，因此，是会产生一些危害的。我们要做的就是将破坏降到最低，而不是不切实际地根除所有污染，因为这一切还涉及平衡和优先次序问题。

希望所有的汽车立刻从眼前消失是不可能的，这种希望永远不会实现。而我们可以做的是用那些燃料耗费少、尾气更清洁、建造材料可循环利用的汽车。但它们也非绝对环保的车子。

当灾难发生时，救难人员会火速赶往现场，但这样我们必须乘坐直升飞机赶到现场，我们的飞机将会排放大量的尾气。你看，我们无时无刻不在选择，是否驾车上班，是否给我们的房屋加热，我们穿什么，以及我们吃什么。我们不能期待每个人都和我们希望的一样做到环保，我们也不能期待每件事都做到绝对环保。

如果我们每个人都能减少一点污染量，都愿意略尽绵薄之力，且我们能意识到我们正在做什么，这都将会是有所裨益的。但我们不能期望完美。我们不能一夜之间改变我们周围的一切。如果你太过于要求环保，它会给你造成很大的压力，你的生活将会因此而痛苦（放心去买食物和家用物品吧，但不要买塑料包装的东西，你将很快就能明白我的意思），那么就不要那样做了。我们该做的是尽力去做，但接受永远没有绝对的环保这个事实，因为只要我们努力过，对事情就会有帮助。

法则 105　学会回报

　　没有一个人是自愿来到这个世界的，这个世界也不欠我们一分一毫，但我们却欠这个世界许多。当然，我们没有选择来到这里，而我们一旦来到这里，我们就被赋予吃的、喝的、玩的和教育，还有令我们敬畏和吃惊的东西，这些都将被提供给我们。我们可以做任何我们想做的事情，从这个世界拿取任何我们想要的东西，世界也始终以充足的量供应着我们。

　　我们可以不断地拥有很多东西，没有人阻止我们。但我想说如果我们学会回报，我们就能睡得更安稳些。在演出结束后，请主动去做一名清扫垃圾的志愿者吧！

如果我们学会回报，我们就能睡得更安稳些。

　　我试着慷慨一些，慷慨地善用你的慷慨。这里不是指你的金钱，而是指你的时间和你的关心。如果你有特殊的才能，那么请用它来帮助别人。如果你拥有某些设备，请把它借给需要它的人。如果你拥有某种能够使事情变得更好的能力，那么请利用它。如果你有一定的影响力，也别吝啬使用它。

　　万一我们什么都没有呢？我相信不论如何，我们还是可以找出一些方式改变生活。我们能采用更谨慎的态度、发挥想象力，并且以更有创意的方式回馈社会。

　　我们不一定要成为慈善机构的工作者或传教士，但我们可以资助某位需要帮助的孩子。我们不必将我们的房子变成无家可归者的庇护所，但我们可以开辟花园的一角作为野生动物的栖息地。我们不必做到完全环保，但我们可以多回收一点垃圾，或者在购物时，多考虑一下产品的公司背景也是有帮助的。

　　我们都该扪心自问一下："因为我的出现，这个世界会变得更美好吗？我是否应该留给后人一个更美好的世界？我的存在对某些人有帮助吗？我对这个世界有什么贡献吗？"

法则 106　找到属于自己的准则

　　以上便是关于幸福成功生活的法则。但不要觉得那就完了。对于法则遵守者来说，是没有时间坐着一动不动的，也是没有时间喝茶的。当你自以为已经完全领会到这些时，你将会必败无疑。你必须不断前进，你要变得更具有创造力、想象力、应变力和独创性。这条最后的法则将使你不断地想出新的法则，不要站在那里一动不动，要去继续发展这个法则，要不断衍生出更多新的法则，要不断完善这些法则，要不断改变这些法则。这些法则为我们提供了一个起点。本书所教导的法则并非铁律，而是生活中的叮咛。这些法则是为了帮助你从这一刻开始重新再出发。

本书的法则是生活中的叮咛，它们能帮助你从这一刻开始重新再出发。

在阐述这些生活法则的过程中，我试着告诉你们生活中不应该发生的行为，诸如：无济于事的原则（时间可以慢慢让你明白所有的问题）、耍嘴皮子（不要把小费给予连看都不看你一眼的人）、脱离实际（你会爱每一个人）、愚蠢至极（把脸扭向另一边——那样另一边的脸也会挨打，要我说你应该跑开）、过于感情化（认为所有的人都是好的）、明显误导（不会有受难者的）和晦涩难懂（在山洞里待上 35 年你才发现宇宙的奥秘，而同时又把自己的屁股搞得湿漉漉的）。我也同样在避免去说些空洞无味的陈词滥调（到了晚上一切都会变好的——而我的经验是它永远都不会）和实施令人不愉快的行为（不要失去理智地报复）。

当你在为自己开发新的法则时，可以遵循类似的方式。我认为最重要的事就是你要继续不断地制定你自己的法则。当你通过观察或具有启发性的一瞬间而学到了一些东西的时候，请吸取其中的教训并看看是否可以将它转变为一个通用的法则。

试着每天都发现一条新的法则，至少你应该常常这么做。我非常真切地想知道你提出了哪些问题——如果你愿意和我一起分享它们的话。做一个法则遵守者将会是非常有趣的，试着去体验并观察其他人也会很有意思。不论你做了什么，记得不要告诉别人，让它成为你的一个秘密——不过你倒可以告诉我：Richard. Templar @ RichardTemplar. co. uk。

法则遵守者不仅需要全心全意、努力不懈、锲而不舍的精神和敏锐的意识，还要有饱满的热情，远大的抱负和百分之百的毅力。始终做到这些，你就将拥有一个充实、幸福和多姿多彩的生活。不过，请学会对自己宽容点，我们都会有偶尔的失败，没有人是完美的——我当然就更不是了。因此，在这个过程中好好享受，并成为更完美的完人。